家畜养殖
知识问答

张登辉 主编

中国农业出版社
北 京

编　委　会

主　编：张登辉（甘肃畜牧工程职业技术学院　教授）

编　者：马进勇（甘肃畜牧工程职业技术学院　副教授）

潘越博（甘肃畜牧工程职业技术学院　副教授）

关红民（甘肃畜牧工程职业技术学院　讲师）

黄龙艳（甘肃省家畜繁育改良管理站

兽医师助理）

主　审：韩向敏（甘肃农业大学动物科学技术学院　教授）

前　　言

习近平总书记在党的十九大报告中指出，"深入开展脱贫攻坚，保证全体人民在共建共享发展中有更多获得感，不断促进人的全面发展、全体人民共同富裕。"扶贫先扶志，关键在"造血"。深入贯彻落实各项扶贫政策，激发贫困百姓的内在动力，从思想上坚定脱贫致富的信念，从学知识、学技术中增强自信心，志愿脱贫、主动致富。抓住科技、教育、文化等基础普及，努力提高贫苦人口的素质，做到脱真贫、真脱贫。

《家畜养殖知识问答》密切联系养殖业生产实际，分3个篇目，分别以猪、牛、羊生产技术为主线，总结提炼了品种及其选育，饲料及加工调制，养殖场建设与环境控制，饲养管理技术，繁殖与改良，卫生管理及疫病防治，成本核算与效益分析等方面的245个问题，逐一解答，帮助贫困户分析与解决家畜养殖中的实际问题。

为了高质量完成编写任务，我们组织具有丰富教学、生产经验及专长的教师担任编者，要求在通俗易懂、图文并茂、内容丰富、注重实际操作等方面狠下功夫，经过讨论，确定问答提纲，初稿完成后，反复修改润饰，避免了主要内容的遗漏和重复。整本书稿的完成，倾注了编者集体的智慧和力量，凝聚着编者对脱贫攻坚的信心与决心。

本书的编写分工：张登辉编写问答提纲及前言，同时完成定稿工作，马进勇编写牛的养殖部分，关红民编写猪的养殖部分，潘越博、黄龙艳编写羊的养殖部分。本书的编写承蒙甘肃农业大学动物科学技术学院韩向敏教授审稿，在此致以衷心的感谢。

由于时间仓促，书中缺点和不足之处恳请广大读者批评指正。

编　者

2018 年 4 月

目　　录

第一篇　猪的养殖

一、猪品种及其选育

1. 我国地方猪种具有哪些优良种质特性？

（1）繁殖力强　无论公猪还是母猪，性成熟早，初配日龄早。母猪发情明显、排卵多（一般20～30枚）、胚胎成活率高、产仔数多、泌乳力强。公猪性欲好，配种能力强。

（2）耐粗饲　消化粗纤维能力强，能大量利用青粗饲料，饲料来源广泛。在较低的营养水平下，能够获得一定的日增重。

（3）抗逆性强　华北型猪具有较强的抗寒能力，华南型猪能耐受潮湿和高温环境。另外，我国地方猪种还具有抗病力强、对饥饿耐受力强及对高海拔适应能力强等特点。

（4）肉质优良　我国地方猪肉色鲜红，肉内含水量低，脂肪熔点高，肌纤维间大理石样花纹明显，肉质细嫩多汁，口感嫩滑，味香质嫩。

（5）性情温顺，母性强　我国地方猪种性情温顺，便于管理和调教。母猪护仔能力强，仔猪断奶育成率比较高。

（6）携带特殊基因　我国地方猪种资源的特殊基因中，具有较大优势的是矮小基因（或微小基因）。贵州和广西的香猪、海南的五指山猪、云南的版纳微型猪以及台湾的小耳猪，是我国特有的猪种资源。这些猪成年体高35～45厘米，体重只有40千克左右，具有性成熟早、体型小、耐粗饲、易饲养和肉质好等特性，是理想的医学实验动物模型。另外，微型猪体成熟早，幼小时又无奶腥味，是制作烤乳猪的最佳原料，具有广阔的市场开发利用前景。

我国地方猪种虽具有以上优良种质特性，但同时也存在生长缓慢、胴体脂肪多和皮厚等缺点，需要扬长避短，合理开发利用。

2. 我国引进的国外优良猪品种有哪些？

（1）杜洛克猪　杜洛克猪原产于美国东北部的新泽西州，是目前世界上生长速度快、饲料利用率高的优秀品种之一。全身被毛棕红色，也有少数棕黄或浅棕色。头较小、清秀，嘴短，颜面微凹，耳中等大小，略向前倾，耳根较硬，耳尖稍下垂。体躯长，背腰呈弓形，胸宽而深，腹浅平直，后躯发达，肌肉丰满，四肢结实粗壮，蹄呈黑色。成年公猪体重 340～450 千克，成年母猪体重 300～390 千克，经产母猪产仔数 9.78 头。肥育猪体重 25～90 千克阶段，平均日增重 750 克以上，饲料利用率 2.8 以下。肥育猪 100 千克屠宰时，屠宰率 72% 以上，胴体瘦肉率 65%。杜洛克猪具有性情温顺、生长快、瘦肉多、肉质好、耗料少、抗逆性强、杂交效果好等优点，但产仔较少、泌乳力低。

（2）大约克夏猪　大约克夏猪又称为大白猪，原产于英国北部的约克郡及附近地区，于 18 世纪末育成，现分布于世界各地，是世界上分布最广的品种之一。约克夏猪有大、中、小三种类型，目前引入我国的主要是大约克夏猪。体型较大，全身被毛白色，眼角、额部皮肤允许有小块黑斑，头大小适中，颜面宽且呈中等凹陷，耳薄直立，背腰平直或稍呈弓形，腹充实而紧，四肢较高，后躯宽长，腿臀丰满，乳头 7 对。成年公猪体重 350～380 千克，成年母猪体重 250～300 千克。经产母猪平均产仔数 12 头以上。不同时期引入的大约克夏猪的主要生产性能差异较大，20 世纪 80～90 年代引入的猪种生产性能较高。生长肥育猪

25～90 千克阶段，平均日增重达 800 克左右，饲料利用率 2.8
以内，体重 100 千克屠宰时，屠宰率 71%～73%，胴体瘦肉率
62% 以上。大约克夏猪具有生长快、饲料利用率高、胴体瘦肉率
高、适应性强、产仔多等优点，但蹄质欠结实。

（3）长白猪　长白猪又称为兰德瑞斯猪，原产于丹麦，因其
体躯长，毛色全白，故称为长白猪。分布于世界各地，是世界上
分布最广的品种之一。在不同国家，经风土驯化与选育形成许多
适合当地条件和突出特点的长白猪品系，如荷兰系长白猪臀部特
别丰满，英系长白猪生长特别快。全身被毛白色，头小而清秀，
鼻筒长直，颜面直而狭长，耳大前倾或下垂，颈长，体躯长，前
轻后重呈楔形，外观清秀美观，背腰平直或微弓，腹线平直，腿
臀肌肉发达，乳头 7 对。成年公猪体重 250～350 千克，成年母
猪体重 220～300 千克。经产母猪平均产仔数 11～12 头。生长肥
育猪体重在 25～90 千克阶段，平均日增重 600～800 克，饲料利
用率 2.8 以下，体重 100 千克屠宰时，屠宰率 72%～74%，胴
体瘦肉率 62% 以上。长白猪具有生长快、饲料利用率高、胴体
瘦肉率高、产仔多等优点，但存在抗逆性较差，四肢尤其是后肢
比较软弱，对饲料要求较高等缺点。

（4）皮特兰猪　皮特兰猪原产于比利时，是近年来在欧洲流
行的胴体瘦肉率最高的瘦肉型猪。毛色灰白，并夹有黑色斑块，
头部清秀，嘴大且直，耳中等大且略向前倾，体躯呈圆柱形，背
直而宽大，臀部肌肉特别丰满，向后向两侧突出，呈双肌臀。全
身肌肉纹理清晰，肢蹄强健有力。经产母猪平均产仔数 9.7 头，
背膘薄，胴体瘦肉率 70% 左右，是目前世界上胴体瘦肉率最高
的猪种，杂交时能显著提高后代的胴体瘦肉率。但皮特兰猪生长
较慢，应激反应敏感，肉质不佳，尤其肉色较淡，肌纤维较粗。
1991 年以后，比利时、德国和法国已培育出抗应激皮特兰猪新
品系。

（5）汉普夏猪　汉普夏猪原产于美国肯塔基州，是北美分布

较广的一个品种。该品种突出特点是在肩颈结合部（包括肩部和前肢）有一白色的肩带，其余部位均为黑色，故有"银带猪"之称。头中等大小，嘴较长且直，耳中等大小而直立，体躯较长，背腰呈弓形，后躯臀部肌肉发达，性情活泼。成年公猪体重315～410千克，成年母猪体重250～340千克。经产母猪平均产仔数8.66头。肥育期平均日增重800克以上，肥育猪90千克屠宰时，屠宰率71%～75%，胴体瘦肉率60%以上。汉普夏猪具有生长快、胴体瘦肉率高、杂交效果好等优点，但发情不明显、繁殖力低。

3. 怎样选择断奶仔猪？

由于断奶仔猪本身的生产性能还未完全表现出来，这时系谱成绩应是选种的主要依据，并结合生长发育和体型外貌进行选择。

（1）根据亲代和同胞资料选择（系谱选择）　比较不同窝仔猪的系谱，从祖代到双亲尤其是双亲性能优异的窝中进行选留，要求同窝仔猪表现突出，即在产仔数多、哺乳期成活率高、断奶窝重大、发育整齐、无遗传疾病或畸形的窝中选择。

（2）根据本身表现选择（个体选择）　初选后，再根据仔猪的生长发育和外貌进行选择。具体要求是：达到品种规定月龄时的体重和体尺指标，头型、耳型、毛色和体躯结构符合本品种特征，将同窝仔猪中断奶体重大、体躯较长、体格健壮、发育良好、生殖器官正常、乳头6对以上且排列均匀的仔猪留下。断奶时，小母猪可按预留数的2～3倍选留，小公猪按预留数的3～4倍选留。

4. 什么是后备猪？怎样选择后备猪？

后备猪是指从保育仔猪群中挑选出的留作种用的幼龄猪，一般饲养至8～12月龄时开始配种利用。后备猪的选择一般可在4

月龄、6 月龄和配种前三个关键阶段进行。

（1）4 月龄阶段 本阶段采用个体表型选择，以个体的生长发育和外形为依据。体重和日增重应达到选育标准，外形结构良好，肢蹄坚实。

（2）6 月龄阶段 后备猪达到 6 月龄时，除繁殖性能以外的各项经济性状都已基本表现，因此，这一阶段是选择的重点和关键，应作为主选阶段，以个体表型选择为主，适当参考同胞成绩，综合考查，严格淘汰。

（3）配种阶段 后备猪一般在 8 月龄左右配种，这时可淘汰生长发育慢、达不到选育指标，或繁殖性能差的个体。7 月龄仍无发情征兆或在一个发情期内连续配种 3 次未受孕的母猪应淘汰。公猪性欲低下、精液品质差者需淘汰。

5. 怎样选择种公猪和种母猪？

公猪选留时应符合如下要求：睾丸发育良好，左右对称，轮廓清晰，包皮不积尿且不过大，用手触摸柔软富有弹性，精液品质优良，性欲旺盛，配种能力强；母猪选留时应符合如下要求：母性好，发情明显且规律性强，配种易受胎，平均每窝产仔数至少 10 头以上。选种过程中，公、母猪应同时满足品种特征明显、体质结实、健康无病、生长发育良好、背膘薄、瘦肉率高、达到与月龄相适应的体重、膘情适中、无繁殖障碍等基本要求。

6. 引入种猪前应做好哪些准备工作？

（1）制订引种计划 主要是确定引入的品种、数量、等级及引种人员、资金、时间和运输方式等，应根据猪场性质、规模或场内猪群血缘更新的需求来确定。一般原种猪场必须引进同品种多血缘纯种公、母猪，扩繁场可引进不同品种纯种公、母猪，商品场可引进纯种公猪及二元母猪。

（2）确定目标猪场　选择适度规模、信誉度高、有种畜禽生产经营许可证、有足够的供种能力且技术服务水平较高的种猪场。选择猪场时，应把猪的健康状况放在第一位，必要时在购种前进行采血化验，合格后再引种。种猪的系谱要清楚并具有完整翔实的育种记录。选择售后服务好的猪场，尽量从同一猪场选购，多场采购会增加带病的风险。确定引种猪场，应在间接了解或咨询后，再到猪场与销售人员实地了解详情。

7. 种猪入场后怎样科学管理？

（1）隔离观察　新引进的种猪到达目的地后，应先饲养在隔离舍观察30～45天。隔离舍应远离原有猪场，隔离舍饲养人员不能与原猪场人员交叉活动。

（2）合理分群　新引进的种猪要按年龄、性别分群饲养，对受伤、脱肛等情况的猪只，单栏饲养，及时治疗。

（3）科学饲喂　入场后先给猪只提供清洁饮水，休息6～12小时后少量喂料，第2天开始逐渐增加饲喂量，5天后达到正常饲喂量。为增强猪只抵抗力，缓解应激，可在饲料中加入抗生素和电解多维等。

（4）严格检疫　引进的种猪隔离期间严格检疫。对猪瘟、布鲁氏菌病、伪狂犬病等疫病要高度重视，做好疫病的抗体检测。隔离饲养结束前根据实际情况对新引进的种猪免疫接种和驱虫保健。

（5）增强适应性　为保证引进的种猪与原有猪群的饲养管理条件相适应，可以采取以下两种方法：一是利用引进猪场和原有猪场的饲料逐渐过渡，交叉饲喂；二是隔离舍的环境条件应尽可能与引种猪场条件保持一致。

经过隔离观察饲养没有发现异常，隔离期结束后，新引入批次种猪经体表消毒后，即可转入生产群投入正常生产。

二、猪饲料及加工调制

8. 什么是粗饲料？养猪常用的粗饲料有哪些？

粗饲料指干物质中粗纤维含量达到或超过 18%，粗蛋白质含量低于 14%，有机物消化率在 65% 以下，每千克饲料干物质的消化能在 10.46 兆焦以下的饲料。猪常用粗饲料有干草、秸秆、秕壳。干草是人工栽培牧草与天然牧草收割后阴干或人工干燥制成的，营养价值较高，如苜蓿草、三叶草；秸秆、秕壳是籽实收割后剩余的茎叶及皮壳，如稻草、玉米秸、豆秸、甘薯秧、花生秧、豆壳、麦壳等，其营养价值比青草低。粗饲料由于具有容积大、适口性差、难消化等特点，在猪的日粮中一般作为填充料。其在日粮中所占比例随猪的品种、类型和年龄而改变，日粮中的用量比例一般为 4%～20%，过量添加饲喂，会降低其他饲料的利用率，影响猪的生长和发育。

9. 什么是青饲料？养猪常用的青饲料有哪些？

青饲料是指可用作饲料的植物新鲜茎叶，因富含叶绿素而得名。青饲料包括天然野草、人工栽培牧草、青刈作物和可利用的新鲜树叶等，这类饲料分布很广，养分比较完全，而且适口性好，消化利用率较高。养猪生产中，给妊娠母猪饲喂青绿饲料可节约精料，保持母猪体况，提高繁殖性能；给种公猪饲喂一些优质青绿多汁饲料，如胡萝卜能提高性欲，增加射精量、精子密度与活力；给生长育肥猪饲喂适当的青绿饲料，可以起到节省饲料成本、平衡饲料营养、改善猪肉品质、提高经济效益等作用。

10. 什么是能量饲料？养猪常用的能量饲料有哪些？

能量饲料是指干物质中粗纤维含量低于 18%，粗蛋白质含量低于 20%，每千克饲料干物质的消化能在 10.46 兆焦以上的饲料。能量饲料包括禾本科植物籽实及其副产品（玉米、大麦、米糠、小麦麸等）、块根块茎瓜果类（甘薯、马铃薯、胡萝卜、南瓜等）和其他加工副产品（油脂、糖蜜、乳清粉、草籽等）。

玉米是养猪的主要能量饲料，适口性好，但饲用过多会使肉猪、种猪背膘增加，降低肉猪瘦肉率和种猪的繁殖能力。玉米在我国瘦肉型生长育肥猪日粮中的使用比例为 40%～80%。玉米中赖氨酸、蛋氨酸和色氨酸含量较低，配制猪饲料时应注意添加这 3 种氨基酸。米糠是能值较高的糠麸类饲料，新鲜米糠适口性好，若用量过多，可使猪背膘变软，胴体品质变差，用量宜控制在 15% 以下。小麦麸质地松散，容积大，适口性好，含有轻泻性的镁盐，有助于胃肠蠕动和通便润肠，是妊娠后期和哺乳母猪的良好饲料，幼猪不宜过多，育肥猪用量以不超过 15% 为宜。

11. 什么是蛋白质饲料？养猪常用的蛋白质饲料有哪些？

蛋白质饲料指干物质中粗纤维含量小于 18%，粗蛋白质含量大于 20% 的饲料。蛋白质饲料包括植物性蛋白质饲料（豆类籽实、饼粕类）和动物性蛋白质饲料（鱼粉、肉骨粉等）。

豆饼、豆粕等饼粕类饲料，蛋白质含量丰富，粗纤维含量较低，能量含量也比较高，是猪饲料配合时良好的蛋白质补充料。大豆一般很少直接用作饲料。饼粕类饲料在猪的日粮配合中较为常用，其价格相对较高。一些饼粕类饲料中含有毒素及抗营养因子，在配合日粮时，必须进行处理。饼粕类饲料在猪日粮中一般不超过 20%。

常用的动物性蛋白质饲料有鱼粉、肉骨粉、血粉、蚕蛹和乳类。此类饲料体积小、不含纤维素，蛋白质含量高（如鱼粉含粗蛋白质 55%～75%）、氨基酸较平衡，钙、磷多且全部为有效磷，含有丰富的维生素，营养价值高，是喂猪很好的蛋白质补充料。由于价格较高，猪日粮中动物性饲料用量一般在10％以下。

12. 什么是矿物质饲料？养猪常用的矿物质饲料有哪些?

矿物质饲料是指可供饲用的天然矿物质及工业合成的无机盐。矿物质饲料包括天然和工业合成的为猪提供常量元素的饲料，如食盐、石粉、贝壳粉、骨粉、蛋壳粉等。矿物质饲料营养物质单纯、用量较小，但不可缺少。配合饲料中常用的矿物质饲料以补充钙、磷、钠、氯等常量元素为主。矿物质饲料的添加量随猪的年龄大小及生理阶段的不同而不同，一般在猪日粮中的添加量不超过2％。

13. 什么是饲料添加剂？养猪常用的饲料添加剂有哪些?

饲料添加剂是指在饲料加工、制作、使用过程中添加的少量或微量物质。饲料添加剂包括补充微量元素（主要有铁、铜、锌、锰、碘、钴和硒等）、维生素（B族维生素和维生素D等）和氨基酸（如赖氨酸、蛋氨酸和色氨酸）的营养性添加剂和保证饲料使用效果的非营养性添加剂，如防腐剂、防霉剂、抗氧化剂、着色剂、调味剂、药物保健剂及生长促进剂等。添加剂在猪日粮中所占比例很小，但作用很大，使用时应严格按照使用说明掌握其用法用量。添加剂化学稳定性差，相互之间容易发生化学反应，多数猪场不宜自行生产和配制添加剂，建议从可靠的生产厂家和经销单位选购符合标准的添加剂产品。

14. 什么是预混料？可分为哪几种类型?

预混料是由同一类的多种添加剂或不同类型的多种添加剂按一定比例配制而成的均质混合物。预混料是一种添加量少但作用大的饲料产品，是全价配合饲料的核心，具有补充营养、促进生长和繁殖、预防疾病、保护饲料品质、改善猪的产品质量等作用。预混料按组成可分为单一型预混料、同类复合预混料和综合复合预混料。

（1）单一型预混料　单一型预混料指以一种活性成分为原料的均质混合物，如维生素 E 制剂、微量元素硒制剂、植酸酶制剂、吉他霉素制剂等。

（2）同类复合预混料　同类复合预混料指由一类添加剂组成的预混料，如多种维生素预混料、多种微量元素预混料。

（3）综合复合预混料　综合复合预混料指由两类或两类以上的添加剂组成的预混料，如由维生素、微量元素、抗生素、药物等组成的复合预混料。

15. 什么是浓缩饲料？使用时应注意哪些问题？

浓缩饲料是由蛋白质饲料（鱼粉、豆饼等）、矿物质饲料（骨粉、石粉等）及添加剂预混料配制而成的配合饲料半成品。浓缩饲料具有蛋白质含量高（一般在 30％～50％）、营养成分全面、使用方便等优点，最适合农村专业户养猪使用，利用自己生产的粮食（玉米、小麦等）和副产品（麸皮、米糠等），按一定比例掺入浓缩饲料，搅拌均匀后即成为配合饲料。浓缩饲料一般在全价配合饲料中所占的比例为 20％～40％。

16. 什么是全价配合饲料？使用时应注意哪些问题？

全价配合饲料是指能够满足猪全部营养需要的混合饲料。按照不同类型猪的饲养标准配制，能充分满足猪的营养需要，可以直接饲喂。一些猪场直接从厂家购买全价饲料喂猪，省工省时，但饲料成本较高；也可依据当地饲料原料，自行配制玉米-豆粕型基础日粮。

17. 猪饲料常用的加工调制方法有哪几种？

（1）粉碎　饲料粉碎后，便于采食，可改善饲料适口性，增加采食量，同时也加大与消化液的接触面积，有利于饲料的消化吸收。粉碎是籽实类饲料常见的加工方法，粉碎粒度大小适中，以颗粒直径1.2～1.8毫米的中等粉碎程度为宜，过粗不利于消化利用，过细易患溃疡病。另外，饲料粉碎后，含脂量高的玉米、燕麦等不宜长期保存，应尽快使用。在农区小规模养猪场，青饲料、块根块茎类饲料可以切碎或打浆，然后再与混合精料拌匀饲喂。豆科作物和油类作物的秸秆、花生秧等粗饲料必须粉碎。

（2）制粒 制粒是颗粒饲料生产的主要工艺过程。颗粒饲料通常是圆柱形，根据猪的年龄不同而有不同规格。颗粒饲料的生产首先将所需的饲料原料按要求粉碎到一定细度，按比例混合，制成全价粉状的配合饲料，然后与蒸汽混合均匀，送入制粒机内，经加压处理制成。乳猪料、保育仔猪料多为颗粒料，适口性好，易于消化。

（3）湿润 湿润是指在干粉料中加入一定量的水，调制成湿拌料的过程。粉料进行湿润处理时，料水比例以1：（0.5～2.0）为好，料水比例超过1：2.5，猪体消化液分泌减少，消化酶活性降低，饲料的消化吸收率降低，会影响猪的增重效果。为了提高劳动效率一般采用干粉料或颗粒料，将其装入自动饲槽内，任其自由采食。如果用湿拌料或稀料喂猪，饲料中不宜加过多的水。喂颗粒料、干粉料，能提高劳动效率，天冷不冻结，天热不酸败，减少了饲料的损耗。

（4）蒸煮 蒸煮是饲料的熟制过程。饲料中的豆类籽实、豆饼、豆粕等煮熟后喂猪，可提高蛋白质的利用率，马铃薯及其粉渣，煮熟后可明显提高利用率，并减少腹泻的发生，剩菜、剩饭及泔水经煮沸后能杀灭一些病原微生物。但猪的多数饲料不适合蒸煮熟喂：玉米、高粱、糠麸等禾本科籽实类饲料，煮熟后饲喂，会有10%左右的营养损失；焖煮不仅破坏了青饲料中的维生素，引起蛋白质变性，降低其营养价值，而且还易引起亚硝酸盐中毒。养猪多采用干食生喂，生喂节省燃料，安全省工，可保证营养成分不受损失。

（5）焙炒　焙炒可使禾本科籽实一部分淀粉转变成糊精，提高淀粉的利用率。焙炒处理还可消除一些饲料中的有毒物质、杂菌和病虫，降低抗营养因子的活性。饲料焙炒后变得香脆、适口，可用作仔猪开食料。

（6）发酵　为了扩大饲料资源，降低养猪成本，在猪的粗饲料或特种饲料中加入一些菌剂使饲料发酵，发酵后的饲料质地变软，适口性变好，消化率提高。鸡粪发酵后喂猪，可去除臭味，杀灭病原微生物，有利于环境保护和资源的循环利用。

三、猪场建设与环境控制

18. 猪场建设选址应遵循哪些基本原则？

猪场选址应结合当地政府的畜禽养殖区划，依据猪场性质、生产特点、生产规模、饲养方式及生产集约化程度等因素，对其地理、气候、水源、土质、交通、电力、防疫等条件进行全面考察。

（1）地理条件　主要考察猪场所处位置的地形和地势。地势主要涉及位置的高低、走势等问题；地形主要涉及位置的开阔与否、面积大小等问题。猪场占地面积可按每头繁殖母猪40～50米^{2}或每头出栏商品猪3～4米^{2}计算。规模猪场建设占地面积如表1-1所示。

表1-1　规模猪场建设占地面积

单位：米^2

占地面积	100头基础母猪规模	300头基础母猪规模	600头基础母猪规模
建设用地面积	5 333	13 333	26 667

（2）水源条件　主要考察猪场所处位置的水源、水量和水质，应符合无公害水质的要求，便于取用和卫生防护，并易于净

化和消毒。猪群日需水量和猪场的日供水量如表1-2和表1-3所示。

表1-2　每头猪日需水量与饮用量

单位：升/天

类别	种公猪	空怀及妊娠母猪	泌乳母猪	断奶仔猪	生长猪	育肥猪
需水量	40	40	75	5	15	25
饮用量	10	20	20	2	6	6

表1-3　猪场日供水量

单位：吨/天

供水量	100头基础母猪规模	300头基础母猪规模	600头基础母猪规模
猪场供水总量	20	60	120
猪群饮水总量	5	15	30

注：炎热和干燥地区的供水量可增加25%。

（3）土壤条件　主要考察猪场所处位置的土壤特性和土质结构。选择沙壤土比选择黏土有较大的好处，沙壤土透气性好，自净能力强，污水或雨水容易渗透，场区地面易保持干燥。

（4）交通条件　主要考察猪场所处位置与其道路的远近。一般情况下，根据猪场防疫和生产经验，猪场应距离交通主干道1千米以上，乡村公路0.5千米以上，居民点1千米以上，距离屠宰场、牲畜交易市场、畜产品加工厂或工矿企业至少2千米以上。

（5）电力条件　主要考察猪场所处位置的供电负荷。猪场应有方便充足的电源条件，为应对临时停电，猪场应备小型发电机组。

（6）防疫条件　主要考察猪场所处位置的生物污染隔离和对粪污的容纳能力。场址选择应远离市区、工矿企业和村镇生活密集区，以便搞好卫生防疫和保持安静环境。

19. 猪场通常划分为几个功能区？怎样合理规划布局？

猪场规划布局时，应依据有利于生产、防疫、运输与管理的原则，根据当地全年主风向和场址地势顺序，合理安排生活区、管理区、生产区和隔离区 4 个功能区，各功能区之间的距离不小于 30 米，并设防疫隔离带或隔离墙，同时设计好绿化区域。猪场规划布局如图 1-1 所示。

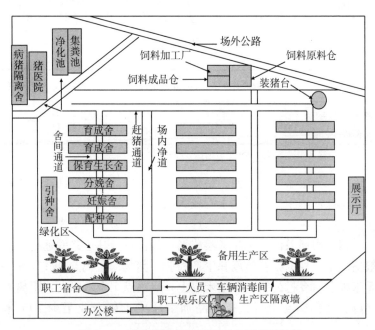

图 1-1　现代规模化猪场规划布局平面示意

20. 猪舍常见建筑类型有哪几种？

猪舍的建筑类型多种多样，按舍内猪栏排列形式，可分为单列式、双列式和多列式；按外围结构设计，可分为开放式、半开放式和封闭式；按屋顶建筑类型，可分为平顶式、单坡式、双坡式等，常见的为单坡式和双坡式。各地可根据气候条件、饲养规模、生产工艺和实际需要选择适合的类型设计。常见猪舍建筑类型如图1-2所示。

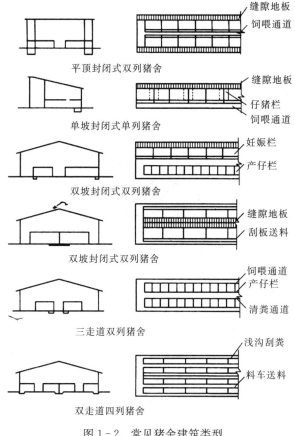

图1-2　常见猪舍建筑类型

21. 怎样正确设计塑料暖棚猪舍？

一般方位是坐北朝南，后墙高1.8米，中梁高2.2米，前墙高0.9米，前后跨度4.0米，长度视饲养规模而定，后墙与中梁之间用木椽搭棚，中梁与前墙之间用竹片搭成拱形支架，上覆塑模。暖棚单栏宽 3 米，栏之间隔墙高 0.8 米，靠后墙留 1 米宽的人行通道，沿通道的隔墙内侧设饲槽，饲槽宽 0.25 米，2/3 在墙下，1/3 在圈内，每栏开一小门，两栏共用一个粪水池，设在前外，猪床前低后高，向粪水池方向有 3%～4% 的坡度。在侧墙上留有出入的小门通往人行道，门高约 1.7 米，宽约 0.8 米。在距前墙基 5～10 厘米处和棚顶上，按通风量大小设 0.2 米×0.2 米的进气孔和 0.5 米×0.5 米的活动式排气孔若干，排气孔加设防风罩。单列式半拱圆形塑料暖棚猪舍设计构造如图 1-3 所示。

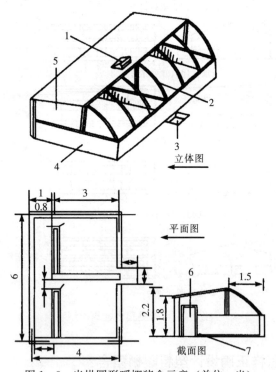

图 1-3　半拱圆形暖棚猪舍示意（单位：米）

1. 百叶窗排气孔　2. 棚膜架　3. 排粪池　4. 砖墙　5. 土坯墙
6. 单扇木质门　7. 食槽

22. 猪舍适宜的温度和湿度是多少？如何调控？

（1）适宜的温、湿度 猪舍内如果出现高温高湿、高温低湿、低温高湿、低温低湿等环境，对猪群健康和生产力都有不利影响。猪舍适宜的空气温度和相对湿度如表1-4所示。

表1-4 猪舍适宜的空气温度和相对湿度

猪舍类别	空气温度（℃）			相对湿度（%）		
	舒适范围	高临界	低临界	舒适范围	高临界	低临界
种公猪舍	15～20	25	13	60～70	85	50
空怀妊娠母猪舍	15～20	27	13	60～70	85	50
哺乳母猪舍	18～22	27	16	60～70	80	50
保育猪舍	20～25	28	16	60～70	80	50
生长育肥猪舍	15～23	27	13	65～75	85	50

（2）防寒保暖

①合理设计猪舍，注重方位、防潮、采光和通风，提高屋顶和墙壁的保温性能。

②适时采取堵塞猪舍缝隙，控制门窗开启，加大饲养密度，猪舍门窗和采光面加设覆盖物等日常保温措施。

③日常保温措施仍达不到舍温要求时，可采用集中供暖保温，即利用锅炉等热源，将热水、蒸汽或预热后的空气，通过管道输送到舍内或舍内的散热器，或利用阳光板、玻璃钢窗、塑料暖棚、火炕、火墙等设施来保温。

（3）防暑降温

①合理设计猪舍的隔热层，在猪舍周围栽植树木，通过绿化遮阳。

②降低饲养密度，在猪舍地面洒水，给猪"洗澡冲凉"或"水池打滚"。

③采取通风降温和加湿降温措施。

23. 猪舍内有害气体有哪些？如何调控？

造成猪舍空气污浊的主要原因有两个方面：一是猪呼出的二氧化碳、水蒸气，粪尿分解产生的氨气、硫化氢等有害气体超标；二是猪群的日常饲养管理不当，如猪舍粪污不及时清理、消毒措施不到位、采用干粉料喂猪或水冲式清粪等。猪舍适宜的空气卫生指标如表 1-5 所示。

表 1-5　猪舍适宜的空气卫生指标

猪舍类别	氨（毫克/米³）	硫化氢（毫克/米³）	二氧化碳（毫克/米³）	细菌总数（万个/米³）	粉尘（毫克/米³）
种公猪舍	25	10	1 500	6	1.5
空怀妊娠母猪舍	25	10	1 500	6	1.5
哺乳母猪舍	20	8	1 300	4	1.2
保育猪舍	20	8	1 300	4	1.2
生长育肥猪舍	25	10	1 500	6	1.5

（1）科学饲养管理　为了减少猪舍空气中的尘埃和微生物，生产中应采取生湿拌料喂猪、增大舍内湿度、与饲料区保持距离、猪舍周围绿化、保持猪群安静、减少外来人员参观等措施，改善猪舍空气质量，保证猪群健康。

（2）加强卫生消毒　猪场应建立规范严格的卫生消毒制度，合理采取清粪工艺和消毒方法，及时清除粪便和污水，定期清扫舍内外区域，严格执行猪场生活区、管理区、生产区、隔离区及各猪舍的消毒安排。

四、猪的饲养管理

24. 如何合理饲养种公猪？

（1）营养需要　配种公猪营养需要包括维持、配种活动、精液生成和自身生长发育需要。其营养内容是能量、蛋白质（实质是氨基酸）、矿物质、维生素四个方面。各种营养物质的需要量应根据其品种、类型、体重、生产情况而定。

（2）配合日粮　种公猪日粮参考配方如下：

①配种期：鱼粉 1%～2%，豆粕 16%～20%，玉米 50%～55%，麸皮 15%～20%，草粉 8%～10%，骨粉 1%～1.5%，食盐 0.5%，多维素 0.02%，微量元素 0.5%。

②非配种期：豆粕 15%～16%，玉米 50%～55%，麸皮 15%～20%，草粉 10%～15%，骨粉 1%～1.5%，食盐 0.5%，多维素 0.01%，微量元素 0.5%。

（3）饲粮供应　种公猪的饲粮除严格遵循饲养标准外，还需根据品种类型、体重大小、配种利用强度合理配制。正常情况下，配种期间成年公猪的日粮量为 2.5～3 千克/头；非配种期间日粮量为 1.5 千克/头左右。为了满足青年公猪自身生长发育需要，可增加日粮给量 10%～20%。冬季寒冷，饲粮的营养水平应比饲养标准高 10%～20%。

（4）饲喂技术　种公猪一般采用限量饲喂的方式，饲粮可用生湿拌料、干粉料或颗粒料。日喂 2～3 次，每次不要喂得太饱，以免过食和饱食后贪睡。严禁饲喂发霉变质的饲料。种公猪每天饮水量为 10～12 升，选用自动饮水器饮水，饮水器安装高度为 55～65 厘米（与种公猪肩高等同），水流量至少为 250 毫升/分。

25. 种公猪的管理要求有哪些？

（1）单圈饲养　成年公猪最好单圈喂养，可减少相互打斗或爬跨造成的精液损失或肢蹄伤残。

（2）适量运动　适量运动是保证种公猪性欲旺盛、体质健壮、提高精液品质的重要措施。猪场设有专门的运动场，公猪做轨道式运动或迷宫式运动；若无专门的运动场，种公猪也可自由运动，必要时进行驱赶运动。

（3）刷拭修蹄　每天刷拭猪体，既可保持皮肤清洁、健康、减少皮肤疾病，还可使公猪性情温顺，听从管教，便于调教、采精和人工辅助配种。

（4）定期称重　种公猪应定期称重，及时检查生长发育状况，防止膘情过肥或过瘦，以提高配种效果。

（5）检查精液　实行人工授精，公猪每次采精后必须检查精液品质；如果采用本交，公猪每月应检查1～2次精液品质。种公猪合格的精液表现为射精量正常、精液颜色乳白色、精液略带腥味、精子密度中等以上，精子活力0.7以上。

（6）防止自淫　部分公猪性成熟早，性欲旺盛，容易形成自淫（非正常射精）恶癖。生产中杜绝公猪自淫恶癖可采取单圈饲养、远离配种点和母猪舍、利用频率合理和加强运动等方法。

26. 怎样合理利用种公猪？

种公猪应合理利用，不能利用过频。刚开始使用的后备公猪，每周使用1次。1～2岁的小公猪每天配种不应超过1次，连续配种2～3天后应休息2天。2岁以上的成年公猪，每天配种不应超过2次，2次配种间隔时间不应少于6小时，每周最少休息2天。公猪每次配种时间5～15分钟，交配时应保持周围环境安静，不受任何干扰，使公猪射精完全。公猪长期不配种会造成精液品质下降，性欲减退，长时间不使用的公猪也应定期采精，以保持其性欲和精液品质。

27. 怎样合理饲养空怀母猪？

（1）控制膘情

①体况消瘦的母猪：泌乳力高的个体，泌乳期间营养消耗多，减重大，到断奶前已经很消瘦，产奶量不多，一般不会发生乳房炎，断奶时可不减料，干乳后适当增喂营养丰富的易消化饲

料，以尽快恢复体力，及时发情配种。

②体况肥胖的母猪：过于肥胖的空怀母猪，往往贪吃、贪睡，发情不正常，要少喂精料，多喂青绿饲料，加强运动，使其尽快恢复适度膘情，以便及时发情配种。

（2）合理给料　饲养空怀母猪的主要任务是保证母猪正常发情，并多排卵。为了促使其发情排卵，按时组织配种并成功受胎，空怀母猪应合理给料。空怀母猪的给料方案如图 1-4 所示。

$$哺乳 \xrightarrow[减料]{3天→} 断奶 \xrightarrow[减料]{3天→} 干奶 \xrightarrow[加料]{4\sim7天→} 发情$$

图 1-4　空怀母猪的给料方案

（3）适时干奶　如果断奶前母猪仍能分泌大量的乳汁，特别是早期断奶的母猪，为了防止乳房炎的发生，断奶前后要少喂精料，多喂青、粗饲料，使母猪尽快干奶。

28. 怎样科学管理空怀母猪？

（1）小群管理　小群管理是将同期断奶的母猪 3～5 头饲养在同一栏（圈）内，让其自由活动，有舍外运动场的栏（圈）舍可扩大运动范围。当群内出现发情母猪后，爬跨和外激素的刺激可引诱其他空怀母猪发情。生产实践中，转入空怀舍的母猪应小群饲养在宽敞的圈舍环境中，以利于运动、光照和发情。

（2）提供适宜环境　保持圈舍清洁干燥，空气新鲜，采光良好，舍内温度保持在 15～17℃，冬季注意防寒保暖，夏季注意防暑降温。

（3）适量运动　保证足够的运动时间，每天应让母猪在舍外自由运动 2～3 小时，呼吸新鲜空气，接受光照，以促进母猪正常的发情排卵。

29. 妊娠母猪的饲养方式有哪几种？

（1）抓两头、带中间　适用于断奶后膘情很差的经产母猪。

配种前 10 天和配种后 20 天的 1 个月内，提高营养水平，日平均采食量在妊娠前期饲养标准的基础上增加 15%～20%。体况恢复后改为妊娠中期的基础日粮。妊娠 80 天后再次提高营养水平，日平均采食量在妊娠前期饲养标准的基础上增加 25%～30%。

（2）步步登高　适用于初产母猪和繁殖力特别高的经产母猪。在整个妊娠期，根据胎儿体重的增加，逐渐提高日粮的营养水平，到分娩前的 1 个月达到高峰，但在分娩前 1 周左右，采取减料饲养。

（3）前粗后精　适用于配种前体况良好的经产母猪。妊娠初期不增加营养，到妊娠后期，胎儿发育迅速，增加营养供给，但不能把母猪养得过肥。

分娩前 5～7 天，体况良好的母猪，减少日粮中 10%～20%的精料，以防母猪产后乳房炎和仔猪腹泻；体况较差的母猪，日粮中添加一些富含蛋白质的饲料。分娩当天，可少喂或停喂，并提供少量的麸皮盐水汤或麸皮红糖水。

30. 母猪胚胎死亡的原因有哪些？应如何防止？

（1）胚胎死亡的原因

①精子或卵子活力低，虽然能受精但受精卵的生活力低，容易导致早期死亡而被母体吸收，形成化胎。

②高度近亲繁殖使胚胎生活力降低，形成死胎或畸形胎。

③母猪饲料营养不全，特别是缺乏蛋白质、维生素 A、维生素 D 和维生素 E、钙和磷等营养物质，容易引起死胎。

④饲喂发霉变质、有毒有害的饲料，容易引发流产。

⑤母猪喂养过肥，容易形成死胎。

⑥母猪管理不当，如鞭打、急追猛赶、母猪相互咬架或进出窄小的圈门时互相拥挤等，都可造成母猪流产。

⑦某些疾病如猪乙型脑炎、猪细小病毒病、猪繁殖与呼吸综合征（蓝耳病）等可引起死胎或流产。

（2）防止胚胎死亡的措施

①饲料全价而均衡，注意供给充足的蛋白质、维生素和矿物质，不能把母猪养得过肥。

②严禁饲喂发霉变质、有毒有害、有刺激性和冰冻的饲料。

③妊娠后期少喂勤添，每次给量不宜过多，避免胃肠内容物过多而挤压胎儿，产前应给母猪减料。

④防止母猪咬架、跌倒和滑倒等，不能强迫或鞭打母猪。

⑤制订配种计划，掌握母猪发情规律，做到适时配种，防止近亲繁殖。

⑥夏季防暑降温，冬季防寒保暖，注意圈舍卫生，防止疾病发生。

31. 怎样合理饲养泌乳母猪？

（1）提供营养全价的日粮　为了保证母猪多产乳，产好乳，避免少乳、无乳现象发生，应根据母猪的体重大小、带仔多少，给母猪提供营养丰富而全价的日粮。泌乳母猪日粮中各种营养物质的浓度应满足：每千克饲料中含有消化能 13.8 兆焦，粗蛋白质 17.5%～18.5%，钙 0.77%，有效磷 0.36%，钠 0.21%，氯 0.16%，赖氨酸 0.88%～0.94%。采用限量饲喂，日喂量应控制在 5.5～6.5 千克，每日饲喂 4 次。夏季气候炎热，母猪食欲下降，可多喂青绿饲料，冬季舍内温度达不到 15～20℃，可在日粮中添加 3%～5% 的动物脂肪或植物油，促进母猪提高泌乳量。

（2）不限量饲喂　为了保证母猪断奶后正常发情排卵和维持配种膘情，应采用自由采食的方法饲喂泌乳母猪。产前 3 天开始减料，减至正常饲喂量的 1/3～1/2，产后 3 天恢复正常，然后自由采食至断奶前的 3 天。

（3）合理饲养　母猪分娩后，处于极度疲劳状态，消化机能差。开始应喂给稀粥料，2～3 天后，改喂湿拌料，并逐渐增加，5～7 天后，达到正常饲喂量。产前、产后日粮中加 0.75%～

1.5％的电解质、轻泻剂（小苏打或芒硝）以预防产后便秘、消化不良、食欲不振等，夏季日粮中添加 1.2％的碳酸氢钠可提高采食量。

32. 泌乳母猪的管理要求有哪些?

（1）哺乳期内保持环境安静、圈舍清洁干燥，做到冬暖夏凉。随时观察母猪的采食量和泌乳量的变化，以便根据具体情况采取相应的措施。

（2）产房内设置自动饮水器，保证母猪能随时饮水。

（3）培养母猪交替躺卧哺乳。母猪乳腺的发育与仔猪吮吸有关，特别是初产母猪一定要利用所有的乳头。泌乳期间加强训练母猪交替躺卧哺乳的习惯，保护好母猪的乳房和乳头。

（4）冬季防寒保暖，夏季防暑降温。

（5）断乳时间控制。目前我国母猪的泌乳期大多执行 28～35 日龄断奶。母猪在何时断乳，要根据母猪的失重情况、断奶后的发情、年产仔窝数、仔猪断乳应激等因素确定。

33. 母猪泌乳量不足的原因有哪些? 如何提高母猪的泌乳量?

（1）母猪泌乳量不足的原因

①营养方面。母猪在妊娠期间能量水平过高或过低，蛋白质水平偏低或蛋白质品质不好，日粮中严重缺钙、缺磷，或钙磷比不适宜，饮水不足等都会出现无乳或乳量不足。

②疾病方面。母猪患有乳房炎、链球菌病、感冒发烧、肿瘤等，都会出现无乳或乳量不足。

③其他方面。高温，低温，高湿，环境应激，母猪年龄过小、过大等，都会出现无乳或乳量不足。

（2）提高母猪泌乳量的措施 根据饲养标准科学配合日粮，满足母猪所需要的各种营养，在确认无病、无饲养管理过失，但仍出现泌乳量不足的情况时，可用下列方法进行催乳：

①将胎衣洗净煮沸 20～30 分钟，去掉血腥味，然后切碎，连同其汤一起拌在饲料中，分 2～3 次饲喂无乳或乳量不足的母猪，严禁生吃，以免出现消化不良。

②产后 2～3 天内无乳或乳量不足，可给母猪肌内注射催产素，剂量为每 100 千克体重 10 国际单位。

③用淡水鱼或猪内脏、猪蹄、白条鸡等煎汤拌在饲料中饲喂。

④适当饲喂一些青绿多汁饲料，可以避免母猪无乳或乳量不足，但要防止饲喂过多而影响混合精料的采食和消化吸收，导致母猪出现过度消瘦的营养不良现象。

⑤中药催乳法。王不留行 36 克、漏芦 25 克、天花粉 36 克、僵蚕 18 克、猪蹄 2 对，水煎分两次拌在饲料中喂饲。

34. 哺乳仔猪为什么要早吃初乳、固定乳头？

初乳是指母猪产后 3～5 天内分泌的乳汁。初乳富含免疫球蛋白，可使仔猪尽快获得免疫抗体；初乳中蛋白质含量高，含有具有轻泻作用的镁盐，可促进胎粪排出；初乳酸度较高，可弥补初生仔猪消化道不发达和消化腺机能不完善的缺陷。初生仔猪可从肠壁吸收初乳中的免疫球蛋白，出生 36 小时后不能再从肠壁吸收。因此，仔猪最好在生后 2 小时内吃到初乳。

初生仔猪有抢占多乳头、并固定为己有的习性，开始几次吸食某个乳头，一经认定至断奶不变。固定乳头分自然固定和人工固定，应在生后 2～3 天内完成。生产中为了使一窝仔猪发育整齐，提高仔猪成活率，可将弱小仔猪固定在前 3 对乳头，体大强壮的仔猪固定在中、后部乳头，其他仔猪自寻乳头。

35. 哺乳仔猪的保温措施有哪些？

哺乳仔猪适宜的环境温度为：1～3 日龄为 32～35℃，4～7

日龄为 28～30℃，15～30 日龄为 22～25℃，2～3 月龄为 22℃，温度应保持稳定，防止过高或过低。产房内温度应控制在 18～20℃，设置仔猪保温箱，在保温箱顶端悬挂 150～250 瓦的红外线灯，悬挂高度可视需要调节，照射时间根据温度随时调整；还可用电热板等办法加温，条件差的可用热水袋、输液瓶灌上热水来保持箱内温度，这种方法既经济又实用，大大减少仔猪着凉、受潮和腹泻的机会。

36. 新生仔猪的寄养和并窝怎样操作？

母猪产后患病、死亡或产后无奶、产活仔猪数超过其有效乳头数时，就需给仔猪找个"奶妈"，即进行仔猪寄养工作。如果同时有几头母猪产仔不多，可进行并窝。寄养原则是有利于生产，两窝产期不超过 3 天，个体相差不大。选择性情温顺、护仔性好、母性强的母猪承担寄养任务，通常等仔猪吃过初乳以后进行，如遇特殊情况也可采食"奶妈"的初乳。具体操作时，利用母猪嗅觉发达这一特性，将要并窝或寄养的仔猪预先混味，在寄养仔猪身上涂抹"奶妈"的乳汁，也可用喷药法，寄养最好在夜间进行。

37. 怎样给仔猪补铁和补硒？

仔猪出生后如不及时补铁，就会患缺铁性贫血症。另外，初生仔猪缺硒会引起腹泻、肝坏死和白肌病等。仔猪补铁常用的方法是出生后 2～3 天肌内注射右旋糖酐铁，2 周龄再注射 1 次即可，也可用红黏土补铁，在圈内放一堆红黏土，任其舔食。补硒的做法是仔猪出生后 1 天内，每头仔猪肌内注射亚硒酸钠维生素 E 注射液 0.5 毫升（含亚硒酸钠 0.5 毫克、维生素 E 25 国际单位）。

38. 仔猪打耳号的方法有哪几种？

（1）耳缺法（图 1-5） 遵循"左大右小，上一下三"的原则。在猪的左耳上缘打一缺口代表 10，左耳下缘打一缺口代表 30，左耳尖上缘打一缺口代表 200，左耳中央打一洞代表 800。在猪的右耳上缘打一缺口代表 1，右耳下缘打一缺口代表 3，右耳尖上缘打一缺口代表 100，右耳中央打一洞代表 400。操作者抓住仔猪后，用前臂和胸腹部将仔猪后躯夹住，用左（右）手拇指和食指捏住将要打号的耳朵，用右（左）手持耳号钳打号。

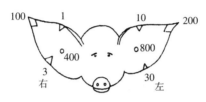

图 1-5　耳号编打操作指导

（2）耳标法　操作者书写好耳标后，将其上部和下部分别装在耳标器的上部和下部，用前臂肘部和胸腹部绑定好仔猪，然后用耳标器将耳标铆上，应避开大血管。

39.　怎样给仔猪开食补料？

（1）开食训练　仔猪开食训练时使用带有甜味剂或奶香味的乳猪颗粒料或焙炒后带有香味的玉米粒、高粱粒或小麦粒等，可取得明显的效果。

（2）开食方法　仔猪开食一般在 5~7 日龄，经过 7 天的训练，15 日龄后仔猪即能大量采食饲料，仔猪 20 日龄以后食量大增，并进入旺食阶段，应加强这一时期的补料。补料的同时注意补水。

①诱导补饲。在乳猪补饲栏中放入加有调味剂的乳猪料，或者炒香的高粱、玉米、黄豆或大、小麦粒等，任仔猪自由舔食；也可将粉料调成粥状，取少许抹在仔猪嘴上或在哺乳时涂在母猪乳头上让仔猪随乳汁一起吃进，每天 3~4 次，连续 3 天，直到

仔猪对饲料感兴趣为止。

②强制补饲。仔猪达 7 日龄时，每天将母仔分开，定时哺乳，造成仔猪饥饿和被迫采食饲料的欲望，然后强制性地将饲料喂进仔猪口中。仔猪一旦对所补饲饲料的味道熟悉后，就会形成条件反射，闻到饲料味就会走过去吃料。

（3）补饲全价料　仔猪开食后，应逐渐过渡到补饲全价混合料。先在补饲栏内放入全价混合料，再在上面撒上一层诱食料，仔猪在吃进诱食料的同时，可将全价仔猪料同时吃进。补料可少喂勤添，10～15 日龄每天 2 次，以后每增加 5 天，增补 1 次，及时清除剩料，定期清洗补料槽。

40. 仔猪断奶的方法有哪几种？

（1）一次断奶　断奶前 3 天减少母猪喂量，到断奶的预定日龄，断然将母猪、仔猪分开。仔猪生存环境突然改变，会引起母猪和仔猪精神不安、消化不良、生长发育受阻，应加强母猪和仔猪的护理。此法的优点是简单易行，便于操作，但母猪、仔猪应激大。

（2）分批断奶　按预定断奶时间，将一窝中体重大的、食量高的、做育肥用的仔猪先断奶，其余的继续哺乳一段时间再断奶。此法虽对弱小仔猪生长发育有利，但拖长了断奶时间，降低了母猪年产窝数。

（3）逐渐断奶　在预定断奶前的 4～6 天，逐渐减少哺乳次数，第 1 天 4 次，第 2 天 3 次，第 3 天 2 次，第 4 天 1 次，第 5 天断奶。此法虽然麻烦，但可减少母仔应激，对母猪和仔猪都比较安全，所以也叫安全断乳法。

41. 怎样科学饲养后备猪？

（1）合理供给营养　一般认为采用中上等营养水平比较适宜，注意营养全价，特别是蛋白质、矿物质与维生素的供给。建议日粮营养水平：60千克以前每千克日粮含粗蛋白质15.4%～18.0%，消化能12.39～12.60兆焦；60千克以后每千克日粮含粗蛋白质13.5%，消化能12.39兆焦。

（2）适时限量饲喂

①5月龄之前自由采食，一直到体重达到70千克。

②5～6.5月龄采取限制饲养，饲喂富含矿物质、维生素和微量元素的后备猪料，日喂量2千克，平均日增重应控制在500克左右。

③6.5～7.5月龄短期优饲，加大饲喂量，促进体重快速增长，为发情配种做好准备，日喂量2.5～3千克。

④7.5月龄之后，视体况及发情表现调整饲喂量，母猪膘情保持八九成。

（3）采用短期优饲　后备母猪配种前15天左右，在原饲粮的基础上，适当增加精料喂量，配种结束后，恢复到母猪妊娠前期的饲喂量即可，有条件时可让母猪在圈外活动并提供青绿饲料。这种方法可促进后备母猪配种前的发情排卵，增加头胎产仔数。

42. 后备猪的管理要求有哪些？

（1）公母分群　后备猪应按品种、性别、体重等分群饲养，体重60千克以前每栏饲养4～6头，体重60千克以后每栏饲养2～3头。小群饲养时，可根据膘情限量饲喂，直到配种前。按猪场的具体情况，有条件时可单栏饲养。

（2）加强运动　有条件的猪场可以把后备猪赶到运动场使其自由运动，也可以通过减小饲养密度、增加饲喂次数等方式促使其运动。不发情母猪还可以采用换圈、并圈及舍外驱赶运动来促进发情。

（3）定期称重　后备猪应每月定期称测体重，检查其生长发育是否符合品种要求，以便及时调整饲养，6月龄以后应测定体尺指标和活体膘厚。

（4）耐心调教　后备猪要从小加强调教，以便建立人猪亲和关系，严禁打骂，为以后采精、配种、接产打下良好基础。管理人员要经常接触猪只，抚摸猪只敏感部位，如耳根、腹侧、乳房等处，促使人畜亲和。达到性成熟时，实行单圈饲养，避免造成自淫和互相爬跨的恶癖。

（5）接种疫苗　做好后备猪口蹄疫、猪瘟、伪狂犬病、细小病毒病、乙型脑炎等疫苗的接种工作。

43. 肉猪育肥前的准备工作有哪些？

（1）圈舍及周围环境的清洁与消毒　进猪之前，应对猪舍及环境进行彻底的清扫消毒。用3%的热氢氧化钠溶液喷洒消毒，也可用火焰喷射消毒，密闭式猪舍可采用福尔马林熏蒸消毒，围墙内外用20%的石灰乳粉刷。

（2）选好仔猪　选择杂交组合优良、体重较大、活泼健壮的仔猪育肥。一般可选用以瘦肉型品种猪为父本的三元杂交仔猪育肥。

（3）去势　去势猪性情安定，食欲增强，增重速度加快，脂肪沉积增强，肉品质好。公猪去势一般在1～2周龄进行。国外瘦肉型猪品种，由于性成熟比较晚，小母猪可不去势育肥，小公猪因分泌雄性激素，有异味，影响肉品质，故小公猪应去势后育肥。

（4）驱虫　育肥猪感染的体内寄生虫主要有蛔虫、姜片吸虫等，体外寄生虫主要有疥螨和虱子。育肥猪通常进行2次驱虫，第1次在90日龄，第2次在135日龄。驱除蛔虫常用阿苯达唑，每千克体重为8毫克；丙硫苯咪唑，每千克体重为10～20毫克，拌入饲料中一次喂服。疥螨和虱子常用伊维菌素或阿维菌素处理。

（5）搞好免疫　各地可根据当地疫病流行情况和本场实际，

制定科学的免疫程序，特别是从集市购入的仔猪，进场时必须全部一次预防接种，并隔离观察 30 天以上方可混群。

（6）合理分群　分群时，采取"留弱不留强，拆多不拆少，夜并昼不并"的办法进行，并注意喷洒消毒药水等干扰猪的嗅觉，防止打架。并圈合群后，加强护理，尽量保持猪群相对稳定。

44. 肉猪育肥方式有哪几种？

（1）"直线"育肥方式　"直线"育肥是按照猪的生长发育规律，让猪全期自由采食，给予丰富的营养，实行快速出栏的一种育肥方式。建议日粮营养水平：60 千克以前每千克日粮含粗蛋白质 16.4%～19.0%，消化能 13.39～13.60 兆焦；60 千克以后每千克日粮含粗蛋白质 14.5%，消化能 13.39 兆焦。此方法猪长得快、育肥期短、省饲料、效益高。

（2）"前高后低"育肥方式　育肥猪 60 千克以前骨骼和肌肉的生长速度快，60 千克以后生长速度减缓，而脂肪的生长正好相反，特别是 60 千克以后迅速上升。根据这一规律，肉猪 60 千克以前采用高能量、高蛋白质日粮，自由采食，60 千克以后适当采取限饲，这样既不会影响肉猪的增重速度，又可减少脂肪的沉积，提高胴体瘦肉率。

（3）"吊架子"育肥方式　"吊架子"育肥法又叫分期育肥或阶段育肥法，即把猪分为幼猪、架子猪和催肥三个阶段，采用"两头精、中间粗"的饲喂方法。幼猪阶段（断奶至 25 千克），喂给较多的精料，搭配一些泔水和少量的青粗饲料。架子猪阶段（26～50 千克），以青粗饲料、泔水为主，搭配少量的精料。催肥阶段（51 千克到出栏），通常在屠宰前 2 个月左右，加喂大量精料，同时减少青粗饲料的给量。此法充分利用青、粗饲料，能够节省精饲料，缺点是猪增重慢，饲料消耗多，屠宰后胴体品质差，经济效益低。

45. 怎样确定肉猪的适时屠宰体重？

育肥猪上市屠宰时间，既要考虑育肥性能和市场对猪肉产品的要求，又要考虑生产者的经济效益。根据各地研究和推广总结，我国小型地方猪种适宜屠宰体重为70～80千克；我国培育猪种适宜屠宰体重为80～90千克；我国地方猪种、培育猪种与国外瘦肉型猪种生产的二元、三元杂交猪，适宜屠宰体重为90～100千克；国外三元杂交猪适宜屠宰体重为100～114千克。国外许多国家由于猪的成熟期推迟，育肥猪的屠宰体重已由原来的90千克推迟到110～120千克。

五、猪的繁殖与杂交利用

46. 母猪的发情征状有哪些？

发情前期：兴奋性逐渐增加，采食量下降，烦躁不安，频频排尿，阴门红肿呈鲜红色，分泌少量清亮透明液体。

发情期：阴门红肿呈粉红色，肿胀减轻，性欲旺盛，爬栏、爬跨其他母猪或接受其他母猪爬跨，主动接近公猪，按压背部时，安静、耳朵直立，阴道流出白色浓稠带丝状黏液，尾上翘。

发情后期：阴门皱缩呈苍白色，无分泌物或有少量黏稠液体。

47. 母猪发情鉴定方法有哪几种？

（1）外部观察法 母猪发情时，外部表现明显，行动不安，食欲减退，跳栏（圈），鸣叫，排尿频繁；外阴红肿有光泽（黑猪只见肿大，不见红），阴道黏膜充血，有少量黏液；爬跨其他母猪，主动接近公猪。

（2）试情法 试情法是用试情公猪对母猪进行试情，根据母猪对公猪的性欲反应表现，来判定其发情程度。让公猪爬跨待试母猪或用手按压其背部，如果母猪呆立不动，出现呆立反应（静立反射），即表示发情，并接受配种。

48. 促进母猪发情排卵的措施有哪些?

（1）公猪刺激　待配种的母猪，应饲养在与成年公猪相邻的栏内，让其经常接受公猪的形态、气味和声音的刺激。每天让成年公猪在待配母猪栏内追逐母猪 10～20 分钟，通过母猪与公猪直接接触，起到公猪试情的作用。

（2）并栏饲养　把不发情的空怀母猪合并到有发情母猪的栏（圈）内饲养，通过爬跨和外激素的刺激，促进母猪发情排卵。

（3）按摩乳房　每天早晨饲喂后，对空怀母猪的乳房进行 10 分钟的表层按摩，即在乳房两侧前后按摩。当母猪出现发情征状后，改为表层和深层按摩各 5 分钟。配种当天早晨，进行 10 分钟的深层按摩，即每个乳房周围用 5 个手指捏摩。

（4）加强运动　将不发情的母猪赶入大圈内饲养，增加活动空间或驱赶运动，促进新陈代谢，改善膘情，有利于发情。若能加强光照，并在运动场内添加一定量的青绿饲料，效果更好。

（5）激素催情　采取以上方法后仍不发情的母猪，可以采取激素诱导发情。目前常用于促进母猪发情的激素有促卵泡激素（FSH）、人绒毛膜促性腺激素（HCG）、孕马血清促性腺激素（PMSG）等。促卵泡激素：10～25 毫克，一次肌内注射；孕马血清促性腺激素：200～800 国际单位，一次肌内注射；人绒毛膜促性腺激素：500～1 000 国际单位，一次肌内注射；氯前列烯醇：175 微克，一次肌内注射。

（6）中药催情　处方一（催情散）：阳起石、淫羊藿各 40 克，当归、黄芪、肉桂、山药、熟地各 30 克，共研成末，拌入精料中一次喂服；处方二：当归 15 克、川芎 12 克、白芍 12 克、熟地 12 克、小茴香 12 克、乌药 12 克、香附 15 克、陈皮 12 克、白酒 100 毫升，水煎后每日内服 2 次，每次外加白酒 25 毫升；处方三：王不留行 50 克、益母草 30 克、石楠叶 20 克，煎水喂服，每日一次，连喂 5~7 天。

49. 怎样确定母猪最佳配种时机？

（1）配种年龄　母猪配种时间受年龄影响。老龄母猪在发情当天，壮年母猪在发情后的第 2 天，青年母猪在发情后的第 3 天配种。遵循"老配早，少配晚，不老不少配中间"的基本原则。

母猪配种时间在品种间存在差异。我国地方品种配种时间稍晚，在发情后的第 2 天或第 3 天；培育品种稍早，在发情后的第 2 天；杂交品种在发情后的第 2 天下午到第 3 天上午。

（2）适配表现　根据母猪的排卵时间，公、母猪交配适期应在母猪发情开始后 20~32 小时。从发情表现看，母猪精神状态从不安到发呆，阴户由红肿到淡白有皱褶，黏液由稀薄变黏稠，表示已达配种适期。当阴户黏膜干燥，拒绝配种时，表示配种时间已过。生产中最佳配种时间可根据以下情况确定：

①阴户变化。发情初期为粉红色，当阴户变为深红色，水肿稍消退，有稍微皱缩时为最佳时间。

②阴户黏液。发情初期用手捻，无黏度，当有黏度且颜色为浅白时为最佳时间。

③静立反射。发情后按压母猪腰部，母猪两耳竖立，四肢直立不动，并呈现静立反射，此时为母猪的适时配种时间。

50. 猪的配种方式有哪几种？

（1）单次配种　在母猪的一个发情期内，只用一头公猪交配 1 次，在适时配种的情况下，能获得较高的受胎率，并可减轻公猪的负担。一旦配种时间掌握不好，受胎率和产仔数会下降。

（2）重复配种　在母猪的一个发情期内，用同一头公猪先后配种 2 次。发情开始后 20~32 小时配种 1 次，间隔 10~12 小时再配 1 次。育种场可采用此法，既可增加产仔数，又不会混乱血统关系，但增加了公猪饲养头数。

（3）双重配种　在母猪的一个发情期内，用不同品种的两头公猪或同一品种的两头公猪，前后间隔 10～30 分钟各配 1 次。弥补因第 1 次配种没有掌握好适宜配种时间或第一头公猪的精液品质欠佳造成的损失；减轻公猪的负担，保证精子的活力，提高母猪的受胎率和产仔数。商品猪场可采用此法。

（4）多次配种　一头母猪在一个发情期内用同一头公猪或不同公猪交配 3 次或 3 次以上。生产中 3 次配种适用于初产母猪或某些刚引入的国外品种。3 次以上的配种并不能提高产仔数，因为配种次数过多，公、母猪过于劳累，会影响性欲和精液品质。

51. 怎样合理调教种公猪？

后备公猪在 7.5 月龄开始采精调教。挤出包皮积尿，清洗公猪的后腹部及包皮部，按摩公猪的包皮部。将发情母猪的尿液或阴道分泌物涂在假母猪上，同时模仿母猪叫声，也可用其他公猪的尿液或唾液涂在假母猪上，诱发公猪的爬跨欲。上述方法不奏效时，可赶来一头发情母猪，让公猪空爬几次，在公猪兴奋时赶走发情母猪。公猪爬上假母猪后即可采精。

对于难调教的公猪，可实行多次短暂训练，每周 4～5 次，每次 15～20 分钟，调教成功后，每天采 1 次，连采 3 次；如果公猪的性欲好，调教以后 1 周采 1 次；公猪性欲一般，调教成功后 2～3 天采 1 次，连采 3 次；如果公猪表现厌烦、受挫或失去兴趣，应该立即停止调教训练。公猪爬跨后一定要进行采精。

52. 公猪采精的方法有哪几种？

（1）假阴道采精　采精员右手握住假阴道，蹲在假台猪的右侧，当公猪爬上台猪背侧时，轻握包皮对准假阴道入口，待阴茎伸出自然插入，此时，采精员要有节奏地挤压双链球，调节好假阴道内的压力，增加公猪快感。公猪伏卧假台猪不动，尾根和肛门有节奏地收缩，即为射精，此时，应将假阴道后端的胶皮漏斗斜向下拉直，以利精液流入集精瓶。这种方法比较方便，但由于公猪射精时间较长，尿液和细菌容易通过包皮污染阴茎，从而污染精液，加之假阴道使用前后的洗涤和消毒工作费时费力，故很少使用。

（2）手握式采精　手握式采精又称徒手采精法，这是目前采集公猪精液应用最广泛的一种方法。采精时应穿工作服套装，工作服上衣口袋放盐水瓶、手套、纱布、卫生纸等；采精瓶应是经过消毒的专用集精瓶或量杯等，上面盖以消毒纱布，以过滤精液胶状物；公猪爬上采精架时，采精员蹲在假台猪的右侧后方，戴好手套，挤净公猪包皮内尿液，脱丢手套，用生理盐水清洗包皮和阴茎头，用手抓住公猪伸出的阴茎，紧握伸出的公猪阴茎螺旋状龟头，顺其向前冲力将阴茎的 S 状弯曲延直，握紧阴茎龟头防止其旋转，待公猪尾根和肛门有节奏地收缩，并开始射精时，收集浓份或全份精液于集精杯内。最初射出的少量（5 毫升左右）精液较清，应丢弃，之后收集乳白色的精液，直到阴茎变软。为避免污染，采精瓶不能放于地面，采集的精液应避光、立即送检。为防止尿液流入采精瓶，采精员将纸巾包在阴茎上，或抬高阴茎头部并高于包皮。猪的手握式采精方法如图 1-6 所示。

图 1-6　猪的手握式采精

53. 如何检查猪的精液品质？

（1）精液量评定　公猪每次射精量一般为 150～500 毫升（不同品种有一定差异），发现每次射精量过少时，应查明原因，解决问题。

（2）感官检查　感官检查主要是色泽和气味的观察，正常精液色泽为乳白色或灰白色，略带腥味，无其他杂质。如精液呈红褐色，可能混有血液；如呈黄、绿色有臭味，可能有尿液或脓汁；若精液中混有毛或其他杂物，说明精液已被污染。上述异常精液均不能使用。

（3）活力检查　精子活力是指原精液在 37℃ 条件下，直线运动的精子数占总精子数的比率，一般采用十级评分法评定。方法是将一滴原精液滴在一块加热的显微镜载玻片上，在 400 倍显微镜下观察，显微镜工作台温度应保持在 37℃。若直线运动的精子数占 100% 则评定为 1 分，90% 则评定为 0.9 分，80% 则评定为 0.8 分，70% 则评定为 0.7 分，以此类推。从采精到输精，分别在精液采出后、稀释后、输精前做 3 次活力检查。

54. 怎样给母猪正确输精？

发情母猪出现静立反射后 8～12 小时进行第 1 次输精，之后每间隔 8～12 小时进行第 2 次或第 3 次输精；显微镜检查精子活力，精子活力在 0.7 分以上的精液，方可使用；用清洁、消毒过的输精管进行输精。具体做法如下：

①输精人员消毒清洁双手。清洁母猪外阴、尾根及臀部周围，再用温水浸湿毛巾，擦干外阴部。从密封袋中取出灭菌后的输精管，在其前端涂上润滑液。

②输精员一手打开母猪阴门，一手持输精管，将输精管向上呈 45°角插入母猪生殖道内，当感觉有阻力时，缓慢逆时针旋转，同时前后移动，直到感觉输精管被子宫颈锁定。

③从精液贮存箱取出品质合格的精液，确认公猪品种、耳号。缓慢颠倒摇匀精液，用剪刀剪去瓶嘴（或撕开袋口），接到输精管上，确保精液能够流出输精瓶（袋）。

④通过控制输精瓶（袋）的高低和对母猪的刺激强度来调节输精时间，输精时间要求 3～10 分钟。当输精瓶（袋）内精液排空后，放低输精瓶（袋）约 15 秒，观察精液是否回流到输精瓶（袋），若有倒流，再将其输入。

⑤在防止空气进入母猪生殖道的情况下，使输精管在生殖道内滞留 5 分钟以上，让其慢慢滑落。

⑥登记母猪输精记录表。

55. 如何判断配种后的母猪是否妊娠？

妊娠诊断是母猪繁殖管理上的一项重要内容。配种后，应尽早检出空怀母猪，及时补配，防止空怀。这对于保胎、缩短胎次间隔、提高繁殖力和经济效益具有重要意义。

（1）外部观察法　母猪配种后经 21 天左右，如不再发情、食欲旺盛、行动稳重、性情温顺、贪睡、阴户紧收、皮毛有光泽、有增膘现象，则表明已妊娠。如发情征状明显、行动不安，则没有受胎，应及时补配。

（2）激素诊断法　孕马血清促性腺激素法：配种后 14～26 天母猪，颈部注射 700 国际单位的孕马血清促性腺激素制剂，以判定母猪是否妊娠。判断标准：被检母猪用孕马血清促性腺激素处理后，5 天内不发情判定为妊娠；5 天内出现发情，并接受公猪交配者判定为未妊娠。

（3）超声波诊断法　用特制的超声波测定仪，在母猪配种后 20～29 天进行超声波测定，诊断准确率为 80%，40 天以后的准确率为 100%。测定时将探触器贴在母猪腹部（右侧倒数第 2 个乳头），体表发射超声波，根据心脏跳动感应信号或脐带多普勒信号音而判断母猪是否妊娠。目前用于妊娠诊断的超声诊断仪主要有 A 型和 B 型。

56. 怎样推算母猪的预产期？

母猪妊娠期为 111～117 天，平均 114 天。我国地方猪种妊娠期短，引入猪种妊娠期较长。正确推算母猪预产期，做好接产准备工作，对生产而言很重要。

（1）查表法　查表法推算母猪预产期（表 1 - 6）。说明如下：

①表头第 1 行月份为配种月份，左侧第 1 列为配种日期。

②表头第 2 行月份为预产期月份，左侧第 2～13 列的数字为预产日龄。

③此表按平年（2 月只有 28 天）计算结果，若闰年（2 月有 29 天），预产期相应提前 1 天。

表 1 - 6　母猪预产期推算

| 日期 | 1 | 2 | 3 | 4 | 5 | 6 | 7 | 8 | 9 | 10 | 11 | 12 |
	4	5	6	7	8	9	10	11	12	1	2	3
1	25	26	23	24	23	23	23	23	24	23	23	25
2	26	27	24	25	24	24	24	24	25	24	24	26
3	27	28	25	26	25	25	25	25	26	25	25	27
4	28	29	26	27	26	26	26	26	27	26	26	28
5	29	30	27	28	27	27	27	27	28	27	27	29
6	30	31	28	29	28	28	28	28	29	28	28	30
7	1/5	1/6	29	30	29	29	29	29	30	29	1/3	31
8	2	2	30	31	30	30	30	30	31	30	2	1/4
9	3	6	1/7	1/8	31	1/10	31	1/12	1/1	31	3	2
10	4	4	2	2	1/9	2	1/11	2	2	1/2	4	3
11	5	5	3	3	2	3	2	3	3	2	5	4
12	6	6	4	4	3	4	3	4	4	3	6	5

（续）

日期	1	2	3	4	5	6	7	8	9	10	11	12
	4	5	6	7	8	9	10	11	12	1	2	3
13	7	7	5	5	4	5	4	5	5	4	7	6
14	8	8	6	6	5	6	5	6	6	5	8	7
15	9	9	7	7	6	7	6	7	7	6	9	8
16	10	10	8	8	7	8	7	8	8	7	10	9
17	11	11	9	9	8	9	8	9	9	8	11	10
18	12	12	10	10	9	10	9	10	10	9	12	11
19	13	13	11	11	10	11	10	11	11	10	13	12
20	14	14	12	12	11	12	11	12	12	11	14	13
21	15	15	13	13	12	13	12	13	13	12	15	14
22	16	16	14	14	13	14	13	14	14	13	16	15
23	17	17	15	15	14	15	14	15	15	14	17	16
24	18	18	16	16	15	16	15	16	16	15	18	17
25	19	19	17	17	16	17	16	17	17	16	19	18
26	20	20	18	18	17	18	17	18	18	17	20	19
27	21	21	19	19	18	19	18	19	19	18	21	20
28	22	22	20	20	19	20	19	20	20	19	22	21
29	23	—	21	21	20	21	20	21	21	20	23	22
30	24	—	22	22	21	22	21	22	22	21	24	23
31	25	—	23	—	22	—	22	23	—	22	—	24

（2）计算法　计算口诀为月份加4，日期减6，再减过大月数，过2月加2天（闰年过2月加1天）。例如，一头母猪3月18日配种，其预产期为：月份加4（3＋4＝7），日期减6（18－6＝12），再减去2个大月数即12－2＝10，该头母猪的预产期是7月10日。

（3）"三三三"推算法　即母猪的预产期为配种日期后3个

月 3 周加 3 天。

57. 如何为母猪接产?

（1）擦黏液　胎儿产出后用洁净的毛巾、拭布或软草迅速擦去仔猪鼻和口腔的黏液，防止仔猪缺氧窒息或吸入液体呛死，然后彻底擦干全身黏液。

（2）断脐　把仔猪脐带内血液向仔猪腹部方向挤压，然后在距离仔猪腹部 3～4 厘米处（以不拖地为宜），用手指掐断脐带，并用碘酊消毒。出血较多时，用手指掐住断端，然后用线结扎。

（3）保温　仔猪擦干黏液和断脐后，应尽快放入仔猪箱保温，箱内温度在 30～32℃。

（4）剪牙　即剪除犬齿，仔猪犬齿（上、下颌左右各 2 枚）容易咬伤奶头，可在仔猪出生后用剪牙钳剪掉，操作时应注意剪平。

（5）早吃初乳　对身体已干燥，行动灵活的仔猪应尽早哺乳，使其吃上初乳，早吃初乳对获得母源抗体、恢复仔猪体温、密切母仔关系均有较大益处。分娩表现安静的母猪，对其仔猪可采用"随生随哺"的方法；分娩不安的母猪，可把仔猪放入保温箱内，待全部仔猪产出后一同哺乳。

（6）编号、称重及记录　编号便于记载、鉴别，建立健全生产档案，提高管理水平。编号常有耳标（或称耳号牌）和剪耳编号。

（7）假死仔猪的抢救　若仔猪出生后全身发软、无呼吸，但有微弱心跳，即假死仔猪。此时，接产员用两手分别托住仔猪的头部和臀部，腹部向上，一屈一伸，促进其呼吸。若能在 38～39℃的温水中操作，效果更好。或倒提仔猪两腿，拍打其胸背，使呼吸道畅通，刺激复活。

（8）难产处理　母猪发生难产时，助产人员将指甲剪短、磨光，先用肥皂洗干净手，再用 0.1％高锰酸钾或 2％来苏儿溶液消毒，然后在手和手臂上涂凡士林油，趁着母猪努责间歇时，把手指并拢呈圆锥状，慢慢伸入产道，握住胎儿的适当部位，中指挂住胎齿，食指压住鼻突，随着母猪的努责，缓慢将胎儿拉出。在助产过程中尽量避免产道损伤或感染，助产后给母猪注射抗生素药物，以防感染。

六、猪场卫生保健与疫病防治

58. 猪场消毒方法有哪几种?

（1）物理消毒

①紫外线照射。即用紫外线灯进行照射消毒。紫外线的穿透力很弱，只对表面光滑的物体才有较好的消毒效果，而且距离只能在1米以内，照射的时间不少于30分钟。

②火焰喷射。用专用火焰喷射消毒器，喷出的火焰具有很高的温度，这是一种彻底简便的消毒方法，可用于金属栏架、水泥地面的消毒。专用火焰喷射器需用煤油或柴油作为燃料。

（2）化学消毒

①喷雾法。即将消毒药配制成一定浓度的溶液，用喷雾器对需要消毒的地方进行喷雾消毒。此法方便易行，大部分化学消毒药都可以用喷雾消毒方法。

②擦拭法。用布块浸蘸消毒药液，擦拭被消毒的物体，如猪舍内的栏杆、笼架以及哺乳母猪的乳房。

③浸泡法。将被消毒的物品浸泡于消毒药液内，如食槽、饮水器及各种用具。

④熏蒸法。常用福尔马林配合高锰酸钾等进行熏蒸消毒，此法的优点是熏蒸药物能分布到各个角落，消毒较全面，省工省力，但要求猪舍密闭。

（3）生物学消毒 生物学消毒法用于猪场粪便的无害化处理。采取堆沤发酵等方法，可使其温度达到70℃以上。经过一段时间，可杀死芽孢以外的病原体。

59. 猪场常用化学消毒剂有哪些?

猪场常用化学消毒药及其使用方法见表1-7。

表1-7　猪场常用化学消毒药及其使用方法

药名	浓度	用途及用法	注意事项
氢氧化钠	0.5%～1%溶液	猪体洗涤或喷雾消毒	热溶液消毒、具有腐蚀性、消毒后用清水冲洗
	2%～4%溶液	猪舍、场地、车辆、用具喷洒消毒	
	10%～30%溶液	适合芽孢及芽孢杆菌污染物的喷洒、浸泡消毒	
生石灰	10%～20%溶液	用于猪痘、疥癣及支原体污染的环境物品消毒	置于干燥处
草木灰	30%热溶液、现用现配	用于场地、猪舍、车辆用具、排泄物喷洒消毒	对芽孢杆菌无效
来苏儿	1%～2%溶液	消毒手部及刷洗器械	
	3%～5%溶液	非芽孢杆菌污染的场地、猪舍、物品喷洒消毒	
新洁尔灭	0.1%溶液	皮肤、手臂、外科器械浸泡消毒	忌与碘制剂、高锰酸钾等同时使用
次氯酸钙	5%～20%溶液	用于猪舍、车辆、物品土壤、粪便的喷洒消毒及污水处理	忌用于金属和有色纺织品消毒
过氧乙酸	0.1%～0.5%溶液	用于猪舍、屠宰场、地面、食槽、用品的喷雾消毒	性质不稳定，对皮肤和金属有腐蚀性
	3%～5%溶液	用于猪舍、仓库、加工车间、无菌室熏蒸消毒，每立方米25～50毫升	

（续）

药名	浓度	用途及用法	注意事项
高锰酸钾	0.05%～0.1%溶液	用于饮水、蔬菜消毒	遇甲醛或甘油可剧烈燃烧
	0.1%～0.2%溶液	用于冲洗创伤	
	结晶粉	与甲醛混合用作猪舍、仓库空间熏蒸消毒	
甲醛溶液	1%溶液	猪体表消毒	气体消毒注意防火，熏蒸时门窗密闭10小时
	2%～4%溶液	猪舍、食槽消毒	
	18%溶液	按每立方米25毫升加热蒸发用作猪舍、仓库熏蒸消毒	
	36%溶液	每立方米用高锰酸钾12.5克与甲醛溶液25毫升混合熏蒸消毒	
百毒杀	50%溶液 5 000倍稀释	饮水消毒，杀灭各种微生物	
	10%溶液 1 000倍稀释	猪舍、饲具消毒和带猪消毒、紧急消毒	
乙醇	70%～75%溶液	手臂、术后、注射部位、皮肤、器械涂拭或浸泡消毒	密封，避火保存
碘酊	5%	注射部位、手术部位、器械、手指涂拭消毒	禁与汞溴红、甲紫同用

60. 怎样制定猪场的消毒制度？

（1）猪场分生活区、管理区、生产区和隔离区，非生产区工作人员及车辆严禁进入生产区，必须进入者需经场长或主管兽医批准并经严格消毒后，在场内人员陪同下方可进入，只可在指定范围内活动。

（2）全场员工及外来人员入场时，均应通过消毒门岗，消毒池每周更换2次消毒液。饲养员要在场内宿舍居住，不得随便外出。

（3）每月初对生活区、管理区及其环境进行1次大清洁、大消毒、灭蝇灭鼠。配种妊娠舍、育肥舍每周至少消毒1次，分娩保育舍每周至少消毒2次。

（4）场内技术人员不得到场外出诊，不得在屠宰场、其他猪场或屠宰户、养猪户场（家）逗留。运料、运猪车辆出入生产区、隔离舍、装猪台要彻底消毒。

（5）生产人员经更衣室、消毒池和手浸消毒盆消毒后方可进入。

（6）消毒池每周更换2次消毒液，紫外线灯保持全天候开启状态。生产线每栋猪舍门口，产房各单元门口设消毒池，并定期更换消毒液，保持有效浓度。

61. 猪场常用驱虫药物有哪些?

猪场常用驱虫药及使用方法见表1-8。

表1-8　猪场常用驱虫药及使用方法

药物名称	作用与用途	使用方法	休药期
左旋咪唑	高效、低毒，对肺内线虫、蛔虫、丝虫及有齿冠尾线虫有疗效	内服：每千克体重5～10毫克	28天
芬苯达唑	广谱，对线虫（成虫和幼虫）、绦虫、吸虫有驱除作用	内服：每千克体重5毫克	
丙硫苯咪唑	对所有线虫、吸虫、旋毛虫、绦虫及蚴、卵都有很好的驱除作用	内服：每千克体重10～20毫克	14天
三氮脒	对猪附红体、锥虫、焦虫有良好的驱除效果	肌内注射：每千克体重5～7毫克	

（续）

药物名称	作用与用途	使用方法	休药期
伊维菌素	抗生素类，对线虫、昆虫、螨均有驱除作用	皮下注射：每千克体重0.3毫克	28 天

62. 怎样制定猪场的驱虫程序？

一般情况下，猪场应每月或至少每个季度对种猪及后备猪体外喷雾驱虫 1 次；产房进猪前空舍空栏驱虫 1 次，临产母猪上产床前体外驱虫 1 次。驱虫药物视猪群情况、药物性能、用药对象等区别对待。驱除猪体内外寄生虫时，多选用伊维菌素、阿维菌素等药物。商品猪驱虫前最好健胃。猪的驱虫程序如下：

（1）后备猪　外引猪进场后第 2 周体内外驱虫 1 次；配种前体内外驱虫 1 次。

（2）成年公猪　每半年体内外驱虫 1 次。

（3）成年母猪　临产前 2 周体内外驱虫 1 次。

（4）新购仔猪　进场后第 2 周体内外驱虫 1 次。

（5）生长育成猪　9 周龄和 6 月龄体内外各驱虫 1 次。

（6）引进种猪　使用前体内外驱虫 1 次。

63. 猪疫苗接种方法有哪几种？

（1）肌内注射法　肌内注射是将疫苗注射于富含血管的肌肉中，又因感觉神经较少，故疼痛较轻，注射部位为耳根后 4 指处（成年猪）颈部内侧或外侧或臀部。

（2）皮下注射法　皮下注射是将疫苗注入皮下结缔组织后，疫苗经毛细血管吸收进入血液，通过血液循环到达淋巴组织，从而产生免疫反应。注射部位多在耳根后皮下，其特点是吸收比较缓慢而均匀，但油类疫苗不可皮下注射。

（3）滴鼻接种法　滴鼻接种属于黏膜免疫的一种，该方法既可刺激产生局部免疫，又可建立针对相应抗原的共同黏膜免疫系统。目前使用比较广泛的是猪伪狂犬病基因缺失疫苗。

此外，还有口服免疫法、后海穴位注射法、气管内注射和肺内注射等。

64. 如何正确选购和使用疫苗？

（1）猪场疫苗种类应根据近年来本地疫情流行特点、本猪场的实际情况、猪群健康状态、各种病原抗体水平的高低来选择，而不是胡乱照搬他场，盲目防疫。

（2）疫苗一定要从知名度高的大型专业公司引进，要求疫苗来源可靠、质量有保证，售后服务完善。

（3）免疫接种前应仔细检查疫苗的名称、生产厂家，是否有GMP证书、产品批文、生产批号、有效期等相关信息。产品的物理性状、贮存条件是否与说明书相符。如发现有过期、无批号、无详细说明书、瓶塞松动、瓶体有破裂、油乳苗严重分层、冻干活苗失真空、颜色明显异常等情况，均应禁止使用。

（4）运输疫苗要用专用疫苗箱。疫苗必须按厂家规定要求保存，冻干疫苗需冰冻保存，液体油苗需4～8℃保存。

（5）注射疫苗时，小猪一针筒换一个针头，种猪每猪换针头。注射部位准确，垂直于体表皮肤进针，严禁使用粗短针头和打飞针。两种疫苗不能混合使用，同时注射两种疫苗时，应分开在颈部两侧注射。注射疫苗出现过敏反应时，使用地塞米松、肾上腺素等抗过敏药物抢救。注射活菌苗前、后1周禁止使用各种抗生素，注射病毒活苗后1周禁止使用中药保健。

65. 怎样制定猪场的免疫程序？

（1）仔猪免疫程序

①1日龄：猪场常发猪瘟，猪瘟弱毒苗应超前免疫，即仔猪出生后在未吃初乳前，先肌内注射一头份猪瘟弱毒苗，隔1～2

小时后再让仔猪吃初乳。

②3 日龄：鼻内接种猪伪狂犬病弱毒疫苗。

③7～15 日龄：肌内注射猪气喘病灭活菌苗、猪繁殖与呼吸综合征弱毒疫苗。

④20 日龄：肌内注射猪瘟、猪丹毒二联苗（或加猪肺疫三联苗）。

⑤25～30 日龄：肌内注射猪伪狂犬病弱毒疫苗。

⑥30 日龄：肌内或皮下注射猪传染性萎缩性鼻炎疫苗。

⑦30 日龄：肌内注射仔猪水肿病菌苗。

⑧35～40 日龄：口服或肌内注射仔猪副伤寒菌苗。

⑨60 日龄：二倍量肌内注射猪瘟、猪肺疫、猪丹毒三联苗。

⑩生长育肥期：肌内注射 2 次口蹄疫疫苗。

（2）后备公、母猪免疫程序

①配种前 1 个月：肌内注射猪细小病毒病、乙型脑炎疫苗。

②配种前 1 个月：肌内注射猪伪狂犬病弱毒疫苗、口蹄疫疫苗、猪繁殖与呼吸综合征疫苗。

③配种前 20～30 天：肌内注射猪瘟、猪丹毒二联苗（或加猪肺疫的三联苗）。

（3）经产母猪免疫程序

①空怀期：肌内注射猪瘟、猪丹毒二联苗（或加猪肺疫的三联苗）。

②初产母猪肌内注射 1 次猪细小病毒病灭活苗，以后可不注射。

③母猪产仔前 3 年，每年 3～4 月肌内注射 1 次猪乙型脑炎疫苗，3 年后可不注射。

④每年肌内注射 3～4 次猪伪狂犬病弱毒疫苗。

⑤产前 45 天、15 天，分别肌内注射 K_{88}、K_{99}、987P 大肠杆菌腹泻菌苗。

⑥产前 45 天，肌内注射猪传染性胃肠炎、流行性腹泻、轮

状病毒三联疫苗。

⑦产前 35 天，皮下注射猪传染性萎缩性鼻炎灭活苗。

⑧产前 30 天，肌内注射仔猪红痢疫苗。

⑨产前 25 天，肌内注射猪传染性胃肠炎、流行性腹泻、轮状病毒三联疫苗。

⑩产前 16 天，肌内注射仔猪红痢疫苗。

（4）配种公猪免疫程序

①每年春、秋季各注射 1 次猪瘟、猪丹毒二联苗（或加猪肺疫的三联苗）。

②每年 3～4 月肌内注射 1 次猪乙型脑炎疫苗。

③每年肌内注射 2 次猪气喘病灭活菌苗。

④每年肌内注射 3～4 次猪伪狂犬病弱毒疫苗。

北方某规模猪场猪病的参考免疫程序见表 1-9。

表 1-9　常见猪病的参考免疫程序

猪别	日龄	免疫内容
	吃初乳前 1～2 小时	超前免疫猪瘟弱毒疫苗
	初生仔猪	猪伪狂犬病弱毒疫苗
	7～15 日龄	猪气喘病灭活菌苗、猪传染性萎缩性鼻炎灭活菌苗
仔猪	25～30 日龄	猪繁殖与呼吸综合征弱毒疫苗、仔猪副伤寒弱毒菌苗、猪伪狂犬病弱毒疫苗、猪瘟弱毒疫苗（超前免疫猪不免）、猪链球菌苗、猪流感灭活疫苗
	30～35 日龄	猪传染性萎缩性鼻炎、猪气喘病灭活菌苗
	60～65 日龄	猪瘟弱毒菌苗、猪丹毒弱毒菌苗、猪肺疫弱毒菌苗、猪伪狂犬病弱毒菌苗
初产母猪	配种前 10、8 周	猪繁殖与呼吸综合征弱毒疫苗
	配种前 1 个月	猪细小病毒病弱毒疫苗、猪伪狂犬病弱毒疫苗
	配种前 3 周	猪瘟弱毒疫苗

（续）

猪别	日龄	免疫内容
初产母猪	产前5、2周	仔猪大肠杆菌病疫苗
	产前4周	猪流行性腹泻+传染性胃肠炎+轮状病毒三联疫苗
经产母猪	配种前2周	猪细小病毒病弱毒疫苗（初产前未经免疫的）
	妊娠60日龄	猪气喘病灭活菌苗
	产前6周	猪流行性腹泻+传染性胃肠炎+轮状病毒三联疫苗
	产前4周	猪传染性萎缩性鼻炎灭活菌苗
	产前5周、2周	仔猪大肠杆菌病疫苗
	每年3～4次	猪伪狂犬病弱毒疫苗
	产前10日龄	猪流行性腹泻+传染性胃肠炎+轮状病毒三联疫苗
	断奶前7日龄	猪瘟弱毒疫苗、猪丹毒弱毒菌苗、猪肺疫弱毒菌苗
青年公猪	配种前10、8周	猪繁殖与呼吸综合征弱毒疫苗
	配种前1个月	猪细小病毒病弱毒疫苗、猪丹毒弱毒菌苗、猪肺疫弱毒菌苗、猪瘟弱毒疫苗
	配种前2周	猪伪狂犬病弱毒疫苗
成年公猪	每半年1次	猪细小病毒病弱毒疫苗、猪瘟弱毒疫苗、猪传染性萎缩性鼻炎灭活菌苗、猪丹毒弱毒菌苗、猪肺疫弱毒菌苗、猪气喘病灭活菌苗
各类猪群	3～4月	猪乙型脑炎弱毒疫苗
	每半年1次	猪瘟弱毒疫苗、猪丹毒弱毒菌苗、猪肺疫弱毒菌苗、猪口蹄疫灭活疫苗、猪气喘病灭活菌苗

注：①猪瘟弱毒疫苗常规免疫剂量，初生仔猪1头份/头，其他大小猪4～6头份/头。未做乳前免疫的，仔猪在21～25日龄首免，40日龄、60日龄各免疫1次，4头份/头。②猪传染性胸膜肺炎、副猪嗜血杆菌病发病率较高的地区应将这两种病列入常规免疫程序。③病毒苗与弱毒菌苗混合使用，若病毒苗中加有抗生素则可杀死弱毒菌苗，导致弱毒菌苗免疫失败。④使用活菌制剂（包括猪丹毒、猪肺疫、仔猪副伤寒弱毒菌苗）免疫接种前10天和后10天，避免在饲料、饮水中添加抗菌药，或肌内注射抗菌药。

66. 如何防治猪瘟？

猪瘟俗名烂肠瘟，美国称为猪霍乱，英国称为猪热病，它是由猪瘟病毒引起的一种急性、热性、高度传染性和致死性的传染病。

（1）症状

①最急性型。多发生在流行之初或新流行地区，猪突然发病，体温41～42℃，皮肤和黏膜发绀和出血，全身肌肉痉挛，四肢抽搐，倒地死亡，病程一般不超过3天，死亡率达100%。有的病猪无明显症状，突然死亡。

②急性型。最常见，体温稽留在40.5～42.0℃，病猪表现困倦、行动缓慢、头尾下垂、拱背、寒颤、伏卧一隅或钻入垫草内嗜睡。病猪早期眼结膜发炎，眼角有脓性分泌物，严重时将上、下眼睑粘连。耳、嘴唇、腹部、四肢内侧及外阴等处的皮肤出现紫红色斑点，指压不褪色。病初便秘，粪便带有黏液和血丝，短期后呈腹泻，排出灰黄色稀粪，有恶臭。公猪阴囊积尿，用手挤压，流出浑浊恶臭尿液。后期有的病猪出现神经症状，表现痉挛，运动失调，反应迟钝或亢奋，倒地四肢乱动，最后因衰竭而死，病程一般15天左右。

③慢性型。多由急性型转来，症状不规则，体温时高时低，食欲时好时坏，便秘与腹泻交替发生，但以腹泻为主。病猪消瘦，精神萎顿，后肢无力，行走不稳，被毛粗乱，皮肤发疹、结痂，耳、尾、肢端等发生坏死。病程可拖1个月以上，最长可达3个月左右。耐过此病的猪多发育受阻，成为僵猪。妊娠母猪可造成流产、死胎或产弱仔。

④温和型。由毒力较弱的毒株引起，病程发展缓慢，体温40℃左右，呈稽留热。症状、病变不典型，有时见到腹下皮肤有出血点。粪便时干时稀，采食量减少，逐渐消瘦。发病率和死亡率低，大猪多能耐过，但生长发育差的仔猪可致死。

（2）病理变化　全身皮肤、浆膜、黏膜等处有出血斑或出血点，淋巴结肿大呈暗红色，切面呈弥漫性出血或周边出血，红白相间呈大理石状，多见于腹股沟淋巴结和颌下淋巴结，肾色淡，表面有出血点，脾脏边缘常可见紫黑色突起，即出血性梗死，这是猪瘟的有诊断意义病变，回肠末端和盲肠黏膜形成纽扣状溃疡。

（3）诊断　根据流行病学、症状和病理变化可作出初步诊断。确诊需将病死猪的脾和淋巴结采集、包装后送实验室检验。常用确诊试验有荧光抗体试验、酶联免疫吸附试验、间接血凝试验，兔体交互免疫试验等。

（4）预防　控制和消灭猪瘟要坚持"预防为主"的原则，采取综合性防疫措施。

①在猪瘟不安全地区或种猪场，仔猪在 20～25 日龄按常规接种猪瘟兔化弱毒苗 1 次，3 天后即可获得可靠的免疫力，60 日龄左右第 2 次免疫。正常地区仔猪断奶 15 天，用猪瘟、猪丹毒二联疫苗或猪瘟、猪丹毒、猪肺疫三联疫苗免疫注射，免疫期可达 8 个月。对种公猪、种母猪春秋两季各注射二联苗或三联苗 1 次。

②坚持自繁自养，加强管理，保持环境卫生。引进猪须隔离观察 3 周以上，确定无病后才可混入猪群。

③若已发生猪瘟，按照扑灭传染病规范，立即做好紧急防疫以及隔离、封锁、扑杀和消毒等工作。

（5）治疗　目前尚无有效药物，对有利用价值的病猪，早期用抗猪瘟高免血清治疗有一定疗效，用量为每千克体重 1 毫升，肌内注射。

67. 如何防治仔猪大肠杆菌病？

本病由不同血清型的致病性大肠杆菌引起，常见有仔猪白痢、黄痢和仔猪水肿病。仔猪表现肠炎、败血症或组织器官炎症，生长发育受阻或死亡，对猪生产造成经济损失。

（1）症状

①仔猪黄痢。潜伏期短的 12 小时内即可发病，病猪排出黄色或灰黄色黏液样腥臭的稀粪，严重的病猪肛门松弛呈红色，粪便失禁，口渴脱水，很快消瘦，最后衰竭而死。病程 1～3 天，治疗不及时，死亡率可达 100％。

②仔猪白痢。以腹泻为主，排出灰白色糊状稀粪，有特异腥臭味，黏附于肛门及后肢，体温一般正常，因脱水逐渐消瘦，拱背、被毛粗乱无光泽，身体发抖，饮水次数增多，吃乳减少。应及时治疗，否则死亡率会增高。

③仔猪水肿病。在一窝或一群仔猪中，体大膘好的一头或几头突然死亡，以后陆续出现仔猪死亡现象。病猪精神沉郁，食欲不振，体温正常或稍高，步态不稳，盲目行走或转圈，随病情的加重，口吐白沫，叫声嘶哑，倒地抽搐，四肢游泳状划动，前肢跪地，后肢直立或麻痹不能站立，在昏迷状态中死亡。病程数小时或 1～2 天，慢者可达数天。

（2）病理变化

①仔猪黄痢。严重脱水，最显著病变是胃肠急性卡他性炎症，以十二指肠最严重，空肠、回肠次之。肠腔扩张，内容物黄色、有气味，肠系膜淋巴结充血、水肿，肝、肾常有小的坏死灶。

②仔猪白痢。剖检无特殊变化，肠内有少量糊状内容物，味酸臭，肠管空虚，充满气体，肠黏膜充血，肠壁变薄，肠系膜淋巴结水肿。

③仔猪水肿病。全身多处组织水肿。最具特征的病变是胃壁水肿，水肿部位显著增厚，切开水肿的胃壁，有清亮无色或茶色液体流出，有的呈胶冻状，全身淋巴结、眼睑、头颈部、皮下均可见到不同程度的水肿，肺水肿、充血，心包、胸腔和腹腔有程度不等的积液；脑膜充血，脑实质水肿或出血，是引起中枢神经

系统机能紊乱的原因。

（3）诊断　本病症状明显，根据流行特点、症状和病理变化不难诊断。确诊需采取肠道内容物进行细菌分离鉴定，但注意与以下疾病相区别。

①仔猪红痢。病原是 C 型产气荚膜梭菌。主要发生于 1 周龄内的仔猪，开始排灰黄色或灰绿色稀粪，后变为红色糊状，粪便中含有坏死组织碎片。主要病变在空肠，黏膜层和黏膜下层弥漫性出血，呈暗红色，内容物是深红色含血液体，肠系膜淋巴结鲜红色。病程长的病例，以坏死性肠炎为主，心肌苍白，心外膜和肾皮质部有出血点。

②猪痢疾。病原为密螺旋体，各种年龄的猪均易感，以 7～12 周龄多发，多为黏液性出血性腹泻，粪便中常含有组织碎片，有恶臭。主要病变是盲肠、结肠和直肠充血、出血、水肿，黏膜纤维性坏死，形成伪膜，外观呈麸皮或豆腐渣状。

③猪传染性胃肠炎。病原为病毒，大小猪均可感染，2 周龄以内的仔猪发病率和死亡率最高。临床特征为呕吐、腹泻。耐过本病的母猪，所产仔猪可获得坚强免疫力，初产母猪所产仔猪，被感染的常在 2～3 天内全部死亡。病变主要是胃肠发炎。

（4）预防

①保持猪舍清洁干燥、防寒保暖，勤换垫草，饲养用具定期洗刷、消毒。母猪妊娠期饲料调配要合理，为防止营养不足，要及时给仔猪补料，保持母猪乳房清洁卫生。在仔猪哺食初乳前，用 0.1％高锰酸钾溶液洗净乳头，挤掉几滴初乳后，再让仔猪吃到足够初乳。

②断奶后最好喂配合饲料，添加青绿饲料，注意补硒和维生素 E。

③产前 15～25 天母猪耳根皮下注射猪大肠杆菌基因工程苗，哺乳仔猪可获得母源抗体，对预防仔猪黄痢、白痢有一定的积极作用。

（5）治疗 仔猪黄痢、白痢的治疗方法相似。恩诺沙星每千克体重 2～5 毫克，内服，每日 2 次，连用 3～5 天；庆大霉素每千克体重 1～1.5 毫克，肌内注射。另外，仔猪黄痢可用磺胺嘧啶片每千克体重 100 毫克，内服，每日 2 次。由于大肠杆菌易产生抗药性，故应交替使用药物。猪水肿病用链霉素每千克体重 10～20 毫克、维生素 B_{12} 200 毫克，一次肌内注射；0.1% 亚硒酸钠注射液每 5 千克体重 1 毫升，肌内注射，每天 2 次。

68. 如何预防猪口蹄疫？

本病是由口蹄疫病毒引起的偶蹄动物的一种急性、热性和高度接触性传染病。该病的特征为口腔黏膜、蹄部和乳房皮肤发生水疱和溃烂。

（1）症状 潜伏期 1～2 天，病初体温升高至 40～42℃，精神不振，食欲减少或废绝。病猪蹄冠、蹄叉、蹄踵出现局部发炎、微热、敏感等症状，不久形成水疱，并逐渐融合呈白色环带状，水疱破裂形成出血性烂斑，如无细菌继发感染，1 周左右结痂愈合，如有继发感染，则局部化脓，坏死，蹄壳脱落，不能着地，病猪常跛行、卧地不起，部分个体鼻镜、舌、唇、齿龈，哺乳母猪的乳房也有水疱或烂斑。吃奶仔猪患病时，很少见到水疱和烂斑，通常呈急性胃肠炎和心肌炎而突然死亡，死亡率可达 60% 以上。

（2）病理变化 除在口腔、蹄部见到水疱和烂斑外，在咽喉、气管、支气管和胃黏膜，有时也出现烂斑和溃疡。心包膜有弥散性出血点，心肌切面有灰白色、淡黄色斑点或条纹，似老虎身上的斑纹，即所谓"虎斑心"，这对猪口蹄疫的诊断有重要意义。

（3）诊断 根据本病流行特点和典型症状及病变可作出初步诊断。确诊则需要采集水疱皮和水疱液进行实验室检验。由于猪水疱病的症状与本病极为相似，故应与猪水疱病加以区别。猪水疱病只感染猪，不感染牛和羊。另外口蹄疫病毒对小鼠的致病力比猪水疱病病毒强，因此可用小鼠接种试验进行鉴别，方法是将病料用青、链霉素处理后，接种2日龄和7～9日龄小鼠，观察7天，如2日龄和7～9日龄小鼠都发病死亡，可诊断为口蹄疫；如2日龄小鼠死亡，7～9日龄小鼠存活，可诊断为猪水疱病。

（4）预防　一旦发生疫情，应立即向上级有关部门报告，按"早、快、严、小"的原则，采取封锁隔离、检疫、消毒等综合措施，组织人力进行扑灭，严格处理尸体和畜产品，建立防疫带，防止疫情扩大。当最后一头病猪痊愈或处理后14天再无新病例发生，经全面终末消毒，方可解除封锁。同时注意做好个人防护。发病时，对健康猪立即用口蹄疫灭活疫苗进行紧急预防接种，每头5毫升，颈部皮下注射，14天后可产生免疫力，免疫期2个月。紧急情况下可用康复动物血清进行免疫，每千克体重1毫升，皮下注射，免疫期为2周。

（5）治疗　对病猪精心护理，配合药物治疗，促进早日康复。蹄部病变用3％来苏儿溶液洗净，涂上甲紫溶液、碘甘油或青霉素软膏，然后用绷带包扎。对口腔溃疡，用食醋或0.1％高锰酸钾溶液清洗，涂以碘甘油等。对恶性口蹄疫，除局部治疗外，还要辅以全身治疗，可用强心剂或滋补剂如安钠咖、葡萄糖盐水等。

69. 如何防治猪沙门氏杆菌病？

猪沙门氏杆菌病又叫仔猪副伤寒，是仔猪常见的一种消化道传染病。其主要特征是肠道发生坏死性肠炎，呈现严重腹泻。

（1）症状　潜伏期3～30天，临床可分为急性型和慢性型。

①急性型。来势迅猛，体温升高至41～42℃，精神不振，食欲减少或废绝，先便秘后腹泻，粪便呈淡黄色、恶臭、有时带血，有腹痛症状。病猪后期结膜发炎，耳、颈、胸、腹及四肢等处皮肤呈紫红色，后变为青紫色，体温下降，呼吸困难，偶有咳

嗽，肛门、尾及后肢有黏稠粪便附着。病程4～10天，终因心力衰竭而死亡，不死者转为慢性型。

②慢性型。呈周期性腹泻，粪便淡黄色或淡绿色，有恶臭，混有血液或黏液，病猪精神不振，食欲减退，体温略升高或正常，皮肤出现痂状湿疹，尤其耳尖、四肢、胸腹部皮肤变成暗红色；部分猪出现慢性肺炎，持续咳嗽。病程可延续数周，最后衰竭而死或成僵猪。

（2）病理变化

①急性型。呈败血症变化，脾显著肿大，呈蓝紫色，淋巴结肿大、充血、出血，肾脏、肝脏有出血点或散在坏死灶。全身浆膜和黏膜充血、出血。肠管充盈，肠壁变薄，弹性降低，盲肠、结肠严重出血。

②慢性型。盲肠、结肠和回肠黏膜出现坏死性肠炎变化。肠壁增厚，表面附一层柔软糠麸样伪膜，除去伪膜，可见到大面积弥漫性溃疡，肠系膜淋巴结肿胀呈灰白色，切面有坏死灶，肝脏变性、肿大，常见有灰黄色结节性病变，胆囊黏膜坏死。肺下缘多见紫红色融合性肺炎。

（3）诊断　根据本病流行特点、症状和典型病变可作出初步诊断。但要注意与猪瘟、猪丹毒、猪肺疫、猪传染性胃肠炎相区别。确诊时，可采取病猪粪便、血液或死猪实质性器官、病变肠管等病料送检，做细菌分离培养鉴定。

（4）预防和治疗

①加强仔猪饲养管理，搞好卫生与消毒。发病后隔离治疗，严格处理死尸。

②在本病常发地区，用仔猪副伤寒冻干菌苗预防注射，1个月以上的健康仔猪耳根部肌内注射1毫升，免疫期9个月，注射1～2天内，有些猪可能有不良反应，但无不良后果，随后恢复正常。

③药物治疗。土霉素按每千克体重10～30毫克，肌内注射，

每天1~2次，连用3~5天后剂量减半，继续用药4~7天；复方磺胺甲基异噁唑或复方磺胺-5-甲氧嘧啶5~10毫升肌内注射，每天2次，连用2天；或用5~25克大蒜泥内服，每天3次，连服3~5天。

70. 如何防治猪气喘病？

猪气喘病又称猪支原体肺炎，是猪的一种慢性、接触性传染病。主要特征是咳嗽和气喘，病理变化为融合性支气管肺炎。本病广泛分布世界各地，对养猪业发展危害严重。

（1）症状　潜伏期最短的3~5天，一般为11~16天，甚至更长。主要表现咳嗽、气喘，体温一般不升高。临床上分为三种类型：

①急性型。常见于新疫区流行初期，突然发病。病猪精神沉郁，呼吸加快，每分钟可达60~100次，呈腹式呼吸。严重者张口喘气，呈犬坐式，发出似拉风箱的喘鸣声，口鼻流出泡沫，咳嗽次数少而低沉。体温基本正常，食欲减退，逐渐消瘦，常因窒息而死亡。病程1~2周。

②慢性型。多见于老疫区猪群或由急性转来。病初长期咳嗽、气喘，初期咳嗽次数少而轻，随病情发展，次数逐渐增加，严重时出现痉挛性咳嗽，甚至引起呕吐，进食或运动后更明显。气喘时重时轻，与气候变化、饲养管理不当有关。病猪常流黏性或脓性鼻汁，食欲、体温正常，但逐渐消瘦，生长发育受阻。病程可达个2~3月甚至半年以上，若出现继发感染，则死亡率升高。

③隐性型。症状不明显，偶见咳嗽和气喘，X线检查可见肺部有肺炎病灶。若饲养管理条件良好，仍能正常生长发育。

（2）病理变化　急性型病例，肺高度气肿，病程长的呈融合性支气管肺炎，其中以心叶最为显著，尖叶、间叶和膈叶的前下部次之，病变常呈两侧对称。病变部位与正常组织界限明显，呈灰红色，似鲜嫩的肌肉，外观似胰脏，故称"肉变"或"胰变"。病变组织切面多汁，可从小支气管内挤出灰白色、黏稠液体。肺门淋巴结肿大，切面隆起，呈黄白色，淋巴组织增生。

（3）诊断　根据流行特点、临床症状及病变可作出初步诊断，但要与猪流行性感冒、猪肺疫加以区别。

①与猪流行性感冒区别。猪流行性感冒突然发病，传播迅速，2～3天可使全群发病，体温升高，病程短，经1周左右恢复，死亡率低。

②与猪肺疫区别。猪肺疫体温升高，剖检时可见败血症和纤维素性胸膜肺炎变化，在肝病变区可见到大小不一的化脓灶或坏死灶。

（4）预防和治疗

①加强饲养管理，坚持"自繁自养"，严格检疫。向外购猪时，应隔离观察，确认无病后方可并群。

②目前已研制出猪气喘病弱毒苗，已在一定范围内试用，但还未推广应用。其用法是：用生理盐水将疫苗做1∶10倍稀释，每头猪右侧胸腔内注射5毫升，免疫期8个月以上。

③药物治疗。土霉素碱油剂（土霉素20毫克加入100毫升花生油或豆油混合均匀）每次小猪1～2毫升，中猪3～5毫升，大猪5～8毫升，进行深部肌肉分点注射，3天1次，连用5～6次，一般效果良好；硫酸卡那霉素注射液每千克体重3万～4万国际单位，肌内注射，每天1次，5天为1个疗程；泰乐菌素每千克体重5～13毫克，肌内注射，每天2次，连用7天；特效米先注射液每10千克体重2毫升，肌内注射，1次即可，严重者，3～5天后再注射1次；洁霉素每千克体重50毫克，肌内注射，每天2次，5天为1个疗程。

71. 如何防治猪传染性胃肠炎？

猪传染性胃肠炎是由病毒引起的一种急性、高度接触性的肠道传染病。其主要特征是腹泻、呕吐和新生仔猪死亡率高。

（1）症状 潜伏期很短，一般为 12～48 小时。仔猪突然发病，首先出现呕吐，随后剧烈腹泻，粪便灰白色或黄绿色，常含有未消化的乳凝块或混有血液。病猪迅速脱水，极度口渴，体重减轻，一般 2～7 天内死亡，日龄越小，病程越短，死亡率越高，1 周龄以内的仔猪死亡率可达 100%，随日龄增大，死亡率降低。耐过本病的仔猪大多生长发育不良，常成为僵猪。架子猪、育肥猪和母猪的症状较轻，表现食欲减退、腹泻、体重减轻，有的呕吐、泌乳停止等，极少死亡，一般经 1 周左右康复。

（2）病理变化 主要病变在胃肠。胃内充满乳凝块，胃底黏膜充血，局部溃疡；小肠充血，肠壁松弛、变薄，绒毛缩短，肠管扩张，肠内充满黄绿色或灰白色液体，含有泡沫和未消化的乳凝块；肠系膜淋巴结充血肿胀；肾充血呈黑红色，皮质和髓质界限不清；有的病例除尸体脱水，肠内充满液体外，看不到其他病变。

（3）诊断 本病主要发生于寒冷季节，传播快，潜伏期短，各年龄猪都可发病。病猪呕吐和水样腹泻，仔猪死亡率高，成年猪呈良性经过及胃肠病变，据此可作初步诊断。由于与猪流行性腹泻无法区别，可考虑是两者之一，但应与猪大肠杆菌病、仔猪红痢和猪痢疾进行鉴别，要点参考猪大肠杆菌病部分。确诊要进行病毒分离、接种试验和血清学试验。

（4）预防和治疗

①不从有病地区引进猪只，以免传入本病。一旦发生本病，立即隔离病猪，用 3% 氢氧化钠溶液或 20% 石灰水消毒。未发病的猪，应隔离至安全地区饲养，限制人员和动物出入。

②由于耐过本病的猪可产生坚强的免疫力，新生仔猪口服康复猪的抗凝血或高免血清，每天 10 毫升，连用 3 天，有一定预防效果。

③本病目前尚无有效治疗药物，使用四环素类、磺胺类和呋喃类药物，可防止继发感染，缩短病程，促进痊愈。失水过多的

猪，供给清洁饮水，必要时，静脉注射葡萄糖生理盐水及 5%碳酸氢钠溶液补液。

④迄今尚无一种较理想的疫苗。目前，已有的猪传染性胃肠炎弱毒苗可免疫妊娠母猪，新生仔猪通过母乳获得免疫，也可试用免疫其他日龄猪。

72. 如何防治猪流行性腹泻？

猪流行性腹泻是由病毒引起的一种急性、高度接触性肠道传染病。其主要特征是腹泻、呕吐和新生仔猪死亡率高。

（1）症状　与猪传染性胃肠炎很相似，潜伏期短。病猪表现呕吐，迅速出现腹泻，新生仔猪受害最严重，常因严重失水而死亡，病猪死亡率可达 50%。断奶猪和育肥猪表现厌食及腹泻，体重减轻。经过 4～6 天后，大多数病猪可康复，但生长发育受影响。母猪表现精神不振、厌食和持续腹泻。

（2）病理变化　小肠充血，肠壁变薄发亮，充满黄色液体。肠系膜充血且淋巴结肿大，显微镜检查可见小肠绒毛缩短。

（3）诊断　临床诊断往往不能与猪传染性胃肠炎相区别。相对而言，本病的死亡率较低，2 周龄时感染的仔猪很少死亡，病毒在猪群中传播相对较慢。确诊方法参考猪传染性胃肠炎。

（4）预防和治疗　参考猪传染性胃肠炎的防治方法。

73. 如何防治猪伪狂犬病？

伪狂犬病是由伪狂犬病病毒引起的一种急性传染病。其主要特征是发热、奇痒和脊髓炎症状，死亡率较高。

（1）症状　潜伏期一般为 3～6 天，个别达 10 天，年龄不同，症状有很大差异。成年猪多为隐性感染，多不出现临床症状，个别猪出现症状，只是轻微发热、腹泻等，且很快恢复，妊娠母猪一旦感染本病，可发生流产、死胎或产出木乃伊胎。新生仔猪和 4 周龄以内仔猪常突然发病，体温升高至 41℃以上，精神高度沉郁，不食，间有呕吐和腹泻。当中枢神经受到侵害时，则出现神经症状，身体各部位肌肉呈痉挛性收缩，病猪兴奋不安，步态僵硬，站立不稳，运动失调，前肢呈"八"字样开张，鼻镜歪向一侧，口角、眼睑等头部皮肤擦伤，口腔水疱增多，站立不稳，四肢开张或摇晃，最后体温下降，昏迷死亡。病程较短，一般1～2天。死亡率较高，可达60％以上，刚出生的仔猪死亡率高达95％以上。

（2）病理变化　病猪体表尤其是口、唇及耳部有较多的外伤。皮下有时出现浆液性渗出物浸润，脑膜充血及脑脊髓液增多，扁桃体充血、坏死，有化脓灶，肾肿大，表面有散在的细小出血点，胸膜和胃肠黏膜充血或小点出血，肝脾有粟粒大坏死结节，肺充血水肿并有小出血点。组织学检查，有非化脓性脑膜炎及神经炎的变化。

（3）诊断　根据流行特点、临床症状和剖检变化可作出初步诊断。确认可采取病猪血清及大脑组织做病毒分离及血清学试验。本病最简单而又可行的诊断方法是动物接种试验。采取病猪脑组织，磨碎后，加生理盐水，制成10％灭菌生理盐水混悬液，取2毫升分别用皮下或肌内接种方法接种家兔或猫，如病料中含有伪狂犬病病毒，接种2～3天后，接种部位皮肤呈现剧烈瘙痒并有抓咬伤痕，发痒后1～2天死亡。

（4）预防和治疗　成年猪发病较轻，常不治自愈。仔猪发病，目前尚无特效药，但在病猪出现神经症状之前注射高免血清或病愈猪血清，有一定的治疗效果，对于长期携带病毒的猪，应隔离饲养或扑杀。圈舍用2％～3％的氢氧化钠或20％石灰乳彻底消毒，对疑似病猪应进行严格隔离，并对场内所有猪只进行紧急预防接种。目前国内多采用由引进的Bartha-K61弱毒株研制的伪狂犬病冻干苗，哺乳仔猪肌内注射0.5毫升，断奶后再注射1毫升，连续注射3年。平时要加强饲养管理，禁止野外动物窜入猪舍，消灭鼠类和蚊蝇。对圈舍地面、设备、用具、围栏等每周消毒 1 次。

74. 如何防治猪繁殖与呼吸综合征？

猪繁殖与呼吸综合征又称猪蓝耳病，我国近年来大量引进种猪和进口猪肉产品，增加了带进本病的可能性。

（1）症状 自然感染潜伏期一般为 2 周左右。发病初期，症状与感冒相似，发热，体温升高至 40℃左右，精神沉郁、嗜睡，食欲不振，有时咳嗽。部分病猪的鼻盘、耳尖、腹部、外阴、四肢末端、尾巴、乳头等部位呈现蓝紫色，这种特殊症状多发生在一般症状出现后的 5～7 天，以耳尖变蓝最为常见。这种局部皮肤颜色发生时间短暂，有时仅持续数小时。仔猪和育肥猪常表现为呼吸急促、困难，呈腹式呼吸或有鼻炎等呼吸系统症状。发病中期，妊娠母猪发生早产、流产，早产胎儿可比正常分娩提早 6 周左右，流产死胎有不少为木乃伊胎，另外产弱仔数量增多。因本病使哺乳母猪泌乳困难，耐过母猪虽可重新妊娠，但窝产仔数和仔猪存活率均下降。公猪表现为倦怠、嗜睡，精液质量下降。

（2）病理变化 根据流行特点、临床症状和病理变化可作出初步诊断。在诊断过程中应注意与猪细小病毒病、猪伪狂犬病和猪乙型脑炎相区别。必要时采取病猪鼻黏膜、肺及脾组织、流产胎儿送有关实验室，采用间接荧光抗体法和酶抗体法对病毒进行鉴定。在死胎、弱胎的血清和体液中可检出抗体，这对本病的确诊有较高的价值。

（3）预防和治疗 本病是一种新的病毒性、接触性传染病，传染性很强，能在短期内感染猪场内所有的猪，危害性大，严重威胁着养猪业的发展。目前尚无有效的疫苗和特殊的药物防止该病的发生和流行，只能采取综合性的防制措施。首先在猪场建立监测制度，对新购入的猪隔离检疫，观察 8 周后，确定为本病阴性猪时方可入群；其次要搞好猪舍环境卫生，及时清扫粪便和消毒，减少饲养密度。断奶仔猪隔离饲养，育肥猪、育成猪采取全进全出的原则饲养；同时对种公猪要进行本病的血清学诊断，以防本病阳性的种公猪通过精液传播本病。加强猪只的饲养管理，以提高其抗病能力。加强进口猪只及其肉制品的检疫和免疫监测，以防本病传入。一旦发现携带本病的阳性猪或可疑猪，应迅速上报，采取封锁、隔离、消毒、扑杀病猪等措施，争取将该病消灭在萌芽状态。

75. 如何防治猪细小病毒病？

猪细小病毒病可引起猪的繁殖障碍，其主要特征是受感染的母猪，特别是初产母猪产死胎、畸形胎、木乃伊胎及病弱仔猪，母猪本身无明显症状。

（1）症状 猪感染细小病毒后，仅妊娠母猪出现症状，成年猪不出现明显的临床症状，但体内许多组织器官（尤其是淋巴组织）中均有病毒存在。母猪感染时，主要表现为繁殖障碍，如多次发情而不妊娠，或产出死胎、木乃伊胎，或只产出少数仔猪等。在妊娠早期感染时，胎儿死亡而被吸收，使母猪不妊娠或无规则地反复发情。妊娠中期感染时，胎儿死亡后逐渐木乃伊化，产出木乃伊化程度不同的胎儿和虚弱的活胎儿。妊娠后期感染时，大多数胎儿能存活下来，并且外观正常，但可长期带毒排毒。若将这些猪作为种猪，则可使本病在猪群中长期扎根，难以清除。多数初产母猪感染后可获得很强的免疫力，甚至可持续终生。细小病毒感染对公猪的性欲和受精率无明显影响。

（2）病理变化 妊娠母猪感染后未见有明显的病变。受感染的胎儿表现不同程度的发育障碍和生长不良，可见到胎儿有充血、水肿、出血、体腔积液、脱水（木乃伊化）等病变。

（3）诊断 猪场中多数母猪发生流产、死胎、胎儿发育异常，而母猪却无异常变化，尤其母猪产出数个木乃伊胎，应考虑本病存在的可能性。若要进一步确诊，应进行实验室诊断。

（4）预防和治疗 目前对本病尚无有效治疗措施，只能采取预防措施。为控制本病传入，尽量不要从外地引进种猪。若引进种猪，最好进行猪细小病毒血凝抑制试验，阴性猪方可引进。

被本病污染的猪场可采用两种免疫方法：一种是在配种前通过自然感染的方法使母猪获得免疫。即在一群阴性的初产母猪中放进一些血清学阳性的老母猪，通过老母猪排毒，使初产母猪群受到感染，这种方法只适用于本病流行地区，非疫区禁用此法。另一种是采用人工自动免疫使猪获得免疫力。目前我国应用的疫苗有灭活疫苗和弱毒病苗，初产母猪在配种前 2～4 周接种，肌内注射 4 毫升；种公猪在 8 月龄时（性成熟）接种，剂量同母猪，免疫期达 5 个月以上，每年注射 2 次，可预防本病。

76. 如何防治仔猪贫血?

贫血是指单位容积血液中，红细胞和血红蛋白的数量低于正常水平。贫血的原因是多方面的。仔猪营养性贫血主要是因为仔猪所需的铁缺乏或不足，从而引起造血机能障碍，又称仔猪缺铁性贫血，多发生于冬、春两季及舍饲饲养的 2 月龄以内的仔猪。

（1）病因 主要是母猪乳汁或饲料中缺乏铁、铜、钴等微量元素所引起。缺铁就会影响到血红蛋白的生成，而缺铜会导致红细胞数量减少。新生仔猪体内铁、铜的贮存量非常有限，仔猪出生后生长迅速，体内贮存的铁很快被消耗，从母乳中得到的铁又很少，满足不了仔猪生长发育的需要。此时若得不到外源性的铁补充，就造成仔猪缺铁，影响血红蛋白的生成，出现贫血。长期在水泥地面猪舍内饲养的仔猪，不能与含铁等微量元素的土壤接触，仔猪补料不足或所补精料质量不佳，缺乏铁、铜、钴等，均会导致贫血。

（2）症状 精神不振，易于疲劳，呼吸加快，心跳快而弱，眼结膜、鼻端及四肢内侧皮肤等处苍白，被毛粗乱无光，干燥易断，皮肤弹性降低，有的病猪出现水肿、消化不良、消瘦、腹泻，血液稀薄，血红蛋白和红细胞降低，红细胞形态异常，大小不均。

（3）诊断　除根据仔猪环境条件及日龄大小等特点外，还根据临床表现及血液学变化等特征，如血红蛋白量显著减少，随后红细胞数量也下降，不难诊断。

（4）预防　加强母猪和初生仔猪的饲养管理。母猪妊娠后期和哺乳期保证供给全价饲料，仔猪要适时补料，加强运动，保证有与新鲜土壤接触的机会，仔猪出生后2～3天投服铁的化合物，如补喂铁铜合剂。

（5）治疗　肌内注射葡萄糖亚铁注射液2～4毫升，每天1次；0.1%硫酸亚铁和0.1%硫酸铜混合水溶液供仔猪饮水；肌内注射维生素 B_{12} 注射液2～4毫升，每天1次，连用7～10天。

77. 如何防治猪感冒？

（1）病因　气候突然变化、猪舍潮湿、保温条件差、贼风侵袭、长途运输、猪体受风寒刺激等易引发本病。

（2）症状　病猪体温升高，精神不振，食欲减退，眼结膜潮红，鼻黏膜充血、肿胀，流鼻涕，咳嗽，畏寒怕冷，喜钻垫草，皮温不均，耳尖及四肢发凉。有的病猪出现腹泻或便秘，行走无力，拱背垂尾。若不及时治疗，可继发支气管炎或肺炎等。

（3）防治

①做好防寒保温工作，猪舍保持清洁干燥。

②病初应解热镇痛，防止并发病的发生。10%复方氨基比林5～10毫升，或30%安乃近5～10毫升肌内注射，每日1～2次。为防继发感染，用青霉素40万～80万国际单位肌内注射，每日2次；银翘解毒丸2～3丸（小猪酌减），开水冲化，候温灌服，每日2～3次。

七、猪场成本核算与效益分析

78. 猪场生产成本包括哪些项目？

猪场生产成本分为直接成本和间接成本。直接成本是指直接用于养猪生产的费用，主要包括饲料费、防疫费、兽药费、劳务费等；间接成本是指间接用于养猪生产的费用，主要包括管理人员工资、固定资产折旧费、种畜价值摊销费、设备维修费、贷款利息、供暖费、水电费、工具费、差旅费、招待费等。在养猪生产实践中，需要计入成本的直接费用和间接费用项目很多，概括起来主要有以下 10 种：

（1）饲料费 指直接用于各猪群的各种全价饲料、浓缩料、预混料及其他单一饲料等方面的开支。

（2）防疫费 指养猪所消耗的疫苗等能直接记入的防疫费用。

（3）兽药费 指养猪所消耗的兽药等能直接记入的医疗费用。

（4）劳务费 指直接从事某种产品生产的饲养员工资和福利开支。

（5）种畜价值摊销费 指应负担的种公猪和生产母猪的摊销费用。若是购买或转入的仔猪、后备猪，应将期初原值计入成本。

（6）固定资产折旧费 指固定资产（包括办公设施、猪舍、设备、种猪等）按照一定的使用年限所发生的折旧费用。

（7）固定资产修理费 指固定资产所发生的一切维护保养费用和修理费用，如猪舍维修费、电机修理费等。

（8）燃料和动力费 指饲养所消耗的水、电、煤、油等方面的费用。

（9）低值易耗品费 指能够直接记入的低值工具和劳保用品

价值，如喷雾器、注射器、工作服、扫帚、手套等方面的费用。

（10）其他杂费　凡不能直接列入以上各项的费用，如差旅费、招待费等。

79. 如何分析养猪成本？

在养猪生产中，经常发生各种消耗。这些消耗，有的直接与某一种产品的生产相关，例如饲料费、兽药费、饲养员工资等，这种为生产某一种产品所支付的开支，就叫直接支出，客观上可以真实计入生产经营成本，不打折扣。而另外一些消耗如固定资产折旧费、燃料和动力费、贷款利息、日常办公杂费等，是为了几种产品的生产所支付的开支，叫间接支出，这些费用不是为一种产品服务，而是为几种产品服务，所以不能只记在某一种产品的账上，需要采取一定的方法，在几种产品之间进行分摊，这种分摊就是分配计入。

计算养猪的生产成本，需要必备的基础性资料。首先要在1个生产周期或1年内，根据成本项目记账或汇总，核算出各猪群的总费用；其次要有各猪群的头数、活重、增重、主副产品产量等的统计资料。运用这些数据资料，计算出各猪群的直接成本、间接成本、单位主产品的成本，进而进行产品的经济效益分析。在养猪生产中，一般要计算猪产品成本、猪产品饲养日成本和猪产品单位成本。

（1）猪产品成本　表明猪场生产某一产品生产期内的全部成本之和（包括直接生产成本和间接生产成本），是计算产品单位成本的重要依据。其计算公式如下：

猪产品成本＝直接生产成本＋间接生产成本

（2）猪产品饲养日成本　表明猪场生产某一产品平均每天每头猪支出的成本（包括直接成本和间接成本），对猪场的经济核算十分重要。其计算公式如下：

猪产品饲养日成本＝产品成本÷猪群饲养头数÷猪群饲养日数

（3）猪产品单位成本 这是经营者必须进行分析核算的重要成本指标。在产品单价一定的条件下，猪产品单位成本越高，所获的盈利越少，全场的经济效益就越低。如果产品成本超过主产品销售单价，势必发生亏损，应尽量避免这种情况的发生。

猪产品单位成本＝（猪产品成本－副产品价值）÷猪产品产量

80. 如何分析养猪效益？

养猪效益分析是根据成本核算所反映的生产情况，对猪的产品产量、产品成本、盈利等进行全面系统的统计和分析，以便对猪场的经济活动作出正确评价，保证下一阶段工作顺利完成。

（1）猪的产品产量分析 通常是分析仔猪成活率、猪平均日增重、肉猪出栏数等指标是否完成计划指标。

仔猪成活率＝（断奶时成活仔猪数÷初生时活仔猪数）×100%

猪平均日增重＝（末重－始重）÷饲养天数

（2）产品成本分析 猪场的主产品是仔猪和育肥猪。产品成本的分析主要根据生产成本项目统计资料计算猪的直接费用和间接费用，一般对仔猪、育肥猪通过计算其产品成本或单位成本进行分析，也可通过仔猪活重成本、育肥猪的总增重成本进行分析。饲料费通常占总成本70%左右，是影响成本的重要因素。

（3）养猪利润分析 在猪产品所创造的价值中，扣除支付劳动报酬、补偿生产消耗之后的余额，即养猪者的盈利，又叫毛利。毛利减去税金就是利润。利润是在一定时期内以货币表现的最终经营结果，利润核算是考核养猪者生产经营好坏的重要手段。

利润额＝产品销售收入－产品销售成本－
销售费用－税金±营业外收支

当上式结果出现负值时即为亏损。总利润额只说明利润多少，不能反映利润水平的高低。因此，考核利润还要计算利润率，猪的利润率一般应计算成本利润率、产值利润率和投资利润率等指标。

$$成本利润率＝利润额÷产品成本×100\%$$
$$产值利润率＝利润额÷总产值×100\%$$
$$投资利润率＝利润额÷投资总额×100\%$$

第二篇　牛的养殖

一、牛的品种与选育

81. 我国主要饲养的奶牛品种是什么？生产性能怎样？

我国主要饲养的奶牛品种是荷斯坦牛，因其毛色呈黑白相间的花片，故以往统称为黑白花奶牛。荷斯坦牛原产于荷兰，各国引入后经过长期的风土驯化和系统选育，或与当地牛杂交，育成了具有各自特征的荷斯坦牛，并冠以该国的名称，如新西兰荷斯坦牛、加拿大荷斯坦牛、中国荷斯坦牛等。荷斯坦牛有乳用和乳肉兼用两大类型。乳用型荷斯坦牛母牛平均年产奶量一般为6 500～7 500千克，乳脂率为3.6％～3.8％，美国、加拿大、以色列、澳大利亚和日本等国家的荷斯坦牛均属此类型。兼用型荷斯坦牛的平均产奶量比乳用型低，年平均产奶量4 500～6 000千克，但乳脂率比乳用型高，一般为3.8％～4.0％，德国、法国、丹麦、瑞典、挪威、俄罗斯等国家的荷斯坦牛也属此类型。

82. 我国引进的国外优良肉牛品种有哪些？

我国引进的国外优良肉牛主要有以下品种：

（1）西门塔尔牛　西门塔尔牛在国际上虽属于兼用型牛品种，但其增长速度很快，肉用性能、适应性都很好，国内各肉牛场特别是西北各省将其用作肉牛大量饲养。西门塔尔牛原产于瑞士，属大型役、肉、乳兼用型品种，适应性很强，能在各地自然条件下饲养，且乳用、肉用、役用性能可得到充分发挥，因此世界各个国家都在引种饲养。我国于 1950 年开始引进，分布在 20 多个省、自治区、直辖市，用于改良本地黄牛，取得满意效果。

（2）利木赞牛　利木赞牛原产于法国，属大型肉用型牛品种，肉用特征明显，生长强度大，适应性强，耐粗饲，性情温顺，早熟性好，补偿生长能力强，杂种优势明显。利木赞牛被毛红色或黄色，口、鼻、眼圈周围和四肢内侧及尾帚毛色较浅，体型大，头短，额宽，有角，胸部宽深，肋骨开张，背腰宽直而较短，体躯较长，全身肌肉丰满，尻、臀部肌肉发达，四肢粗短而强健。该牛种体质结实、难产率低，肉质细嫩，大理石纹明显，适宜生产小牛肉且被广泛用于经济杂交。

（3）夏洛来牛　夏洛来牛原产于法国，属大型肉用型牛品种，能较好地适应各地的自然条件，表现出较强的耐寒性、耐粗性及采食性，在我国一般粗放条件下也表现较好的生产性能。杂种优势明显，杂种一代牛体型外貌明显具有夏洛来牛的特征，体大粗壮，生长快，发育匀称，肌肉丰满，深受人们的欢迎。夏洛来牛被毛白色或乳白色，体型大，体质结实，骨骼粗壮，全身肌肉特别发达，夏洛来牛成年公牛体重 1 100～1 200 千克，母牛体重 700～800 千克。夏洛来牛生长快，增重迅速，瘦肉多且肉质好。

（4）安格斯牛　安格斯牛属于古老的小型肉牛品种，原产于英国，以被毛黑色和无角为重要特征，故也称为无角黑牛。该牛体躯低翻、结实，头小而方，额宽，体躯宽深，呈圆筒形，四肢短而直，两腿间距大，全身肌肉丰满，具有现代肉牛的典型体型。

安格斯牛具有良好的肉用性能，被认为是世界上专门化肉牛品种中的典型品种之一。表现早熟，胴体品质高，出肉多。安格斯牛成年公牛平均活重 700～900 千克，母牛 500～600 千克，肌肉大理石纹很好。该牛适应性强，耐寒抗病，缺点是母牛稍具神经质。

83. 国内培育的主要兼用型牛品种有哪些？

国内兼用型牛品种是外引品种与本地牛品种通过各种各样杂交方式，长期选育而成，生产性能明显提高，体型增大，在肉牛生产中经常作为母本，与外引纯肉用品种杂交，后代全部肥育，大大提高了产肉性能。国内培育成的兼用型牛品种有三河牛、中国草原红牛、新疆褐牛。

（1）三河牛 三河牛产于内蒙古呼伦贝尔草原的三河地区，属乳肉兼用型品种。该牛被毛为界限分明的黑白花片，头白色或有斑，腹下、四肢及尾尖为白色，有角，角向斜上方弯曲，体格较大。三河牛成年公牛平均体重 1 050 千克，母牛 547.9 千克，年平均产奶量 2 000 千克左右，在较好条件下可达 4 000 千克，平均乳脂率为 4.10％～4.47％。该品种产肉性能良好，2～3 岁公牛屠宰率 50％～55％，耐粗饲，抗寒暑能力强。

（2）中国草原红牛 中国草原红牛产于吉林省白城地区、内蒙古的昭乌达盟及河北省张家口地区等地，属乳肉兼用品种。被毛紫红或深红，部分牛腹下、乳房有白斑，角质蜡黄褐色，鼻镜、眼圈粉红色，多数牛有角且向前外方弯曲，呈倒"八"字形，略向内弯曲，体格中等大小，成年公牛平均体重 700～800 千克，母牛 450 千克，平均产奶量 1 500～2 500 千克，平均乳脂率 4.03％。该牛产肉性能良好，适应性良好，耐粗放管理，对严寒酷热的草场条件耐力强，且发病率低。

（3）新疆褐牛 新疆褐牛产于新疆天山北麓的西端伊犁地区和准噶尔界山塔城地区的牧区、半农半牧区。新疆褐牛体躯健壮，头清秀，角中等大小、向侧前上方弯曲，呈半椭圆形。被毛为深浅不一的褐色，额顶、角基、口轮周围及背线为灰白色或黄白色，眼睑、鼻镜、尾帚、蹄呈深褐色，成年公牛体重 951 千克，母牛 431 千克。该牛适应性好，抗病力强，在草场放牧可耐受严寒和酷暑环境。

84. 国内产肉性能好的黄牛品种有哪些？

黄牛是我国传统的役用畜，也是重要的肉品来源。今后我国黄牛改良工作的重点将把提高其肉用性能作为主导方向。我国黄牛养殖数量最多的省份是河南省，其次为山东、四川、河北和黑龙江。从产肉性能角度讲，以下五个黄牛品种产肉性能最好，被称作中国五大良种黄牛。

（1）秦川牛　秦川牛产于我国陕西省渭河流域的关中平原地区，属役肉兼用型品种，被毛以紫红和红色为主。秦川牛成年公牛体重 500～700 千克，母牛体重 380～480 千克，平均日增重公牛为 700 克、母牛为 550 克，适应性良好。将秦川牛做母本，用外引肉牛品种做父本，后代肉用性能很好。

（2）南阳牛　南阳牛产于我国河南省南阳地区，属役肉兼用型品种，以南阳市郊、唐河、社旗、新野、方城和驻马店市的泌阳等地的牛为好。南阳牛毛色以黄色最多，少有淡黄、红色。南阳牛成年公牛体重 650～700 千克，母牛体重 400～450 千克，南阳牛肉质细嫩，大理石纹明显，易于育肥。

（3）晋南牛　晋南牛产于山西省晋南地区，属役，肉兼用型品种，以万荣、临汾、河津、稷山等县市的牛为好。晋南牛毛色以红色为主，部分为黄红色，鼻镜粉红色，蹄壳亦为粉红色。晋南牛成年公牛体重 607 千克，母牛体重 339 千克，肉用性能及肉质良好。该牛役用性能良好，适应性良好。

（4）鲁西牛　鲁西牛产于山东省西部的黄河以南、运河以西一带，属役，肉兼用型品种，以菏泽、济宁、聊城等地的牛为好。鲁西牛被毛以红黄、淡黄色较多，草黄色次之，眼圈、口轮、腹下和四肢内侧色淡。成年公牛平均体重 644 千克，母牛体重 365 千克，鲁西牛肉用性能良好，以肉质好而著称，皮薄骨细、肉质细嫩，肌纤维间脂肪沉着良好，呈大理石状。

（5）延边牛　延边牛产于吉林省延边朝鲜族自治州的延吉、和龙、汪清、珲春及毗邻各县。延边牛毛色为浓淡不等的黄色，鼻镜呈淡褐色，被毛密而厚，皮厚有弹力，胸部宽深，前躯发达，后躯发育较差。延边牛成年公牛体重 480 千克，母牛体重 380 千克。在北方黄牛中，延边牛产肉性能较好，容易肥育。

85. 引入优良品种前应做哪些准备工作?

首先要制订引种计划。主要是确定引入的品种、数量、等级及引种人员、资金、时间、运牛车辆、圈舍消毒、饲料、疫苗和运输方式等。然后确定从哪个牛场引进，选择适度规模、信誉度高、并有当地畜牧主管部门颁发的种畜禽生产经营许可证、有足够的供种能力且技术服务水平较高的种牛场；选择种牛场时，应把牛的健康状况放在第一位，必要时在购种前进行采血化验，合格后再进行引种；种牛的谱系要清楚，并具有完整翔实的育种记录；选择售后服务好的种牛场，尽量从同一牛场选购，多场采购会增加带病的风险；确定引种种牛场，应在间接进行了解或咨询后，再到种牛场与销售人员实地了解情况。最后要注意种牛入场前应将隔离舍彻底冲洗、消毒，配备专门饲养管理人员，并且至少空舍 1 周以上。种牛入场后至少隔离饲养 1 个月，切实做好饲料、环境、防疫等方面的安全过渡。

86. 引种技术要点有哪些?

（1）品种的选择　肉牛引种时首先可从良种肉牛站购进西门塔尔、利木赞、夏洛来、海福特等国外牛与地方牛的杂交良种牛。其次可选择国内地方黄牛中体型大、肉用性能好的地方优良品种牛或培育品种牛，如秦川牛、南阳牛等，奶牛选择大型乳用型荷斯坦奶牛。

（2）体型外貌的选择　选择引进牛只时应由有经验的技术人员根据引进品种牛只的外貌鉴定特点，选择外貌优良、年轻健康的牛只。如引进荷斯坦奶牛时，其体型外貌应符合本品种特征，发育良好，毛色呈黑白斑块，界线分明，不含全黑、全白牛。

（3）资料记录翔实　引进的牛只应有详细的系谱资料及出生记录，作为以后生长预计及选种选配的基础资料。成年奶牛应有生产记录，越详细越好。妊娠母牛应有配种记录，以便计算预产期及产奶日期。

（4）严格执行动物检疫制度　牛场和养牛户选购牛只时，应选择非疫区的正规牛场引进牛只。选择好目标牛后应先隔离饲养，检查牛只健康记录和免疫接种记录及检疫记录，并经当地动物检疫部门检疫合格，符合我国《进出境动植物检疫法》，开具中华人民共和国入境货物检验检疫证明。

（5）适应当地的生产环境　牛场引种时要对引进的牛品种产地的饲养方式、气候和环境条件进行分析，并与引进地进行比较。综合考虑本场与供种场在地域大环境和牛场小环境上的差别，认真做好环境的适应性过渡，尽可能使本场的饲养管理环境和供种场相一致。

87. 怎样进行母牛的选留与淘汰？

（1）犊牛及青年母牛的选择　为了保持牛群高产、稳产，每年必须选留一定数量的犊牛、青年母牛。为此必须淘汰不符合要求的母牛，每年选留的母犊牛数量不应少于产乳母牛的1/3。对初生小母牛以及青年母牛，首先是按系谱选择，应重视最近三代祖先。因为祖先愈近，对该牛的遗传影响愈大，反之则愈小。系谱一般要求三代清楚，即应有祖代牛号、体重、体尺、外貌、生产成绩。

按生长发育选择，主要以体尺、体重为依据，其主要指标是初生重、6月龄体重、12月龄体重、日增重，第一次配种及产犊时的年龄和体重，有的品种还规定了一定的体尺标准。

（2）生产母牛的选择　生产母牛主要依据其本身表现进行选

择，包括产乳性能、体质外貌、体重与体型大小、繁殖力（受胎率、胎间距等）及早熟性和长寿性等性状。最主要的是根据产乳性能进行评定，选优去劣。

二、牛的饲料及加工调制

88. 牛常用粗饲料有哪些？

牛常用粗饲料有青干草、玉米秸秆、小麦秸秆、稻草、稻壳、酒糟、树叶等。其体积大、粗蛋白质含量差异大、钙高、磷低，粗纤维含量高，难以消化，营养价值较低。

青干草是以细茎的牧草、野草或其他植物为原料，在结籽前刈割其地上部分，经自然晒制或人工烘干制成。青干草品质的优劣，通常根据植物种类、生长阶段、色泽、茎叶多少、气味、杂质含量等感官指标来评定。优质干草呈绿色、多叶、柔韧、适口性好，粗蛋白质、胡萝卜素、维生素及矿物质含量较丰富。

秸秆饲料指各种作物在收获籽实后的秸秆，包括茎秆与叶片两部分。有玉米秸、麦秸、谷草、稻草、糜草、大豆秸、豌豆蔓等。

89. 怎样加工与调制青干草？

调制青干草的方法有地面干燥法、草架干燥法、发酵干燥法及人工干燥法等。

采用地面干燥法，牧草收割后，应薄层平铺暴晒 6～7 小时，使其凋萎（含水量 40%～50%）后，用搂草机搂成松散草垄；继续干燥 4～5 小时，使含水量降至 35%～40%（叶子开始脱落前）时用集草器集成小草堆；再干燥 1.5～2 天，即可制成青干草（含水量 15%～17%）进行贮存。

在潮湿地区，由于牧草收割时多雨，多采用草架干燥法。把割下来的牧草在地面上干燥 0.5 天或 1 天，使其含水量降至

45%～50%，无论天气好坏都要及时用草叉将草自上而下上架。最底层应高出地面，不与地面接触，这样既有利于通风，也避免与地面接触吸潮。

人工干燥的形式有：常温鼓风干燥、低温烘干法、高温快速干燥法。

优质青干草颜色鲜绿、香味浓郁、适口性好、叶量多、叶片及花序损失不到5%。饲喂时，也要分段、分层取喂，避免养分流失、质量下降或发霉变质。

90. 什么是青贮饲料？如何制作？

青贮是利用乳酸菌的发酵作用，达到长期保存青绿多汁饲料营养特性的一种方法。青贮过程的实质是将新鲜植物紧实地堆积在不透气的容器中，通过微生物（主要是乳酸菌）的厌氧发酵，使原料中所含的糖分转化为有机酸——主要是乳酸。当乳酸在青贮原料中积累到一定浓度时，就能抑制其他微生物的活动，并制止原料中养分被微生物分解破坏，从而将原料中的养分很好地保存下来。同时，乳酸发酵过程中产生大量热能，当青贮原料温度上升到50℃时，乳酸菌也就停止了活动，发酵结束。由于青贮原料是在密闭并停止微生物活动的条件下贮存的，因此，可以长期保存而不会变质。

（1）青贮技术要点

①选择合适的原料。乳酸菌发酵需要一定的糖分，青贮原料中含糖量不宜少于1.0%～1.5%，否则会影响乳酸菌的正常繁殖，青贮饲料的品质难以保证。对于含糖量少的原料，可以和含糖多的原料混合青贮，也可以添加3%～5%的玉米面或麦麸单独青贮。

②确定适宜的时间。利用农作物秸秆青贮，要掌握好时机，过早会影响粮食生产，过迟会影响青贮品质。青贮玉米秸秆在籽实蜡熟而秸秆上又有一定数量的绿叶，茎秆中水分较多时进行

较好。

③排除空气。乳酸菌是厌氧菌，只有在没有空气的条件下才能进行繁殖。如不排除空气，不仅乳酸菌不能存活，而且好气的霉菌、腐败菌会乘机滋生，导致青贮失败。因此在青贮过程中，原料要切得长短适宜，尽量踩实，排除空气，并缩短铡短装料的过程，密封严实。

④创造适宜的温度。原料温度在 25～35℃时，乳酸菌会大量繁殖，很快占主导优势，致使其他一切杂菌都无法活动繁殖，若原料温度在 50℃以上，丁酸菌就会生长繁殖，使青贮料出现臭味，以致腐败。

⑤掌握好水分。适于乳酸菌繁殖的含水量为 70%左右，过干不易踩实，温度易升高；过湿酸度大，牛不爱吃。70%的含水量，相当于玉米植株下边有 3～5 片干叶；如果全株青绿，砍后可以晾晒半天，青、黄叶比例各半。

（2）青贮方法与步骤

①青贮设备的准备。制作青贮饲料需要有一定的容器，如青贮窖（坑）、青贮塔、青贮壕、青贮缸和青贮塑料袋等，这些都要提前选择、购置或建造。根据青贮原料的品种和数量确定容器的容量。青贮窖（坑）最好是用砖砌、水泥抹面，并选择地势高燥、地下水位低和土质坚硬向阳的地方，以防渗水、倒塌。挖好窖后，应晾晒 1～2 天，以减少窖壁水分，增加窖壁硬度，窖的四周应有排水沟，以防雨水流入窖内。旧窖（坑）在使用前要清理出杂物，修补并消毒。

②青贮原料的收割和切短。待到原料植株达到收割适期时，选择晴好的天气收割。原料收割后立即运到青贮地点，将青贮秸秆原料切短，长度在 2～5 厘米。

③装填和压实。装窖前先在窖底铺一层 15～20 厘米厚的麦草或其他秸秆，窖壁四周可铺一层塑料薄膜，加强密封，防止透水漏气。如果原料含水量大，在装填时要掺入适量的糠麸以调节

含水量。装填青贮秸秆时，应逐层装入，每层装 15～20 厘米，随装随压实。添加糠麸、谷实等进行混合青贮时，要在压紧前分层混合。压实的方法：小型窖可用人力踩踏，大型长壕可用链轨拖拉机等，要特别注意压紧窖的边缘和四角。这样层层装填、压实，直至高出窖口 50～60 厘米为止。

④密封和管理。装满秸秆后即可加盖封顶。先覆盖一层塑料薄膜，再盖一层厚 20～30 厘米切短的秸秆或软草，然后盖上 30～50 厘米厚的洁净的湿土，并做成馒头形（圆窖）或屋脊形（长窖），盖土的边缘要超出窖口四周外围，以利排水。距青贮窖 1 米四周挖好排水沟，防止雨水渗入窖内，用塑料袋做青贮时，装满秸秆后用细绳扎紧袋口即可。贮后 5～6 天进入乳酸发酵阶段，青贮料脱水，软化，当封口出现塌裂、塌陷时，应及时进行增补，以防漏水漏气。要防牲畜践踏并做好防鼠工作，保证青贮质量。青贮秸秆装窖密封，经 1 个半月后，乳酸菌的发酵过程完成，青贮饲料也就制作成了。此时便可以开窖饲喂。

（3）青贮饲料制作注意事项　在青贮过程中，要连续进行，一次完成。青贮设备最好在当天装满后再封严，中间不能停顿，以避免青贮原料营养损失或腐败，导致青贮失败。概括起来就是要做到"六快"，即做到快割、快运、快切、快装、快压、快封。

（4）青贮饲料品质评定　上等：黄绿色、绿色，酸味浓，有芳香味，柔软稍湿润。中等：黄褐色、黑绿色，酸味中等或较少，芳香、稍有酒精味，柔软稍干。下等：黑色、褐色，酸味很少，有臭味、干燥松散或黏软成块。下等青贮饲料不宜饲喂，以防中毒。

（5）青贮饲料的利用　饲喂青贮料之前应检查质量——色、香、味和质地。玉米秸秆青贮带有很浓的酒香味。发霉、发黏、黑色、结块的青贮料不能再用来喂牛。饲喂时，青贮窖只能打开一头，要采取分段开窖，分层取，取后要盖好，防止日晒、雨淋和二次发酵，避免养分流失、质量下降或发霉变质。开始饲喂青贮料时，要由少到多，逐渐增加，停止饲喂时，也应由多到少逐步减喂。使牛有一个适应过程，以防止暴食和食欲突然下降。青贮饲料的用量，应视牛的品种、年龄、用途和青贮饲料的质量而定，但应注意，鲜嫩的青草、菜叶青贮后仍然含有大量轻泻物质，喂量过大往往造成牛腹泻，影响消化吸收。肉用牛通常喂量5～12千克。

91. 什么是氨化饲料？如何制作？

氨化饲料是指利用尿素、液氨、碳铵和氨水等，在密闭的条件下对秸秆进行氨化处理，明显提高秸秆的消化率和粗蛋白质水平，改善适口性，提高采食量的饲料。一般用尿素氨化，按秸秆量的3%加入尿素，即将3千克尿素溶解于50千克水中，逐层均匀地喷洒在100千克秸秆上，用塑料薄膜压紧。由于秸秆中含有脲酶，尿素在该酶的作用下分解放出氨，从而达到氨化目的。在尿素短缺的地方，用碳铵代替，碳铵含氨量较低，用量需酌情增加。氨化处理时间取决于气温，气温低于5℃时需8周以上；5～15℃需4～8周；15～30℃需1～4周。启封后通风12～24小时待氨味消失，即可饲喂。

92. 牛常用精饲料有哪些？

牛常用精饲料有能量饲料和蛋白质饲料。

能量饲料占精料补充料的60%～70%，主要有谷实类、糠麸类、淀粉质块根块茎类等。谷实类饲料主要有玉米、高粱、大麦、燕麦等。糠麸类是谷物的加工副产品，制米的副产品称为糠，制粉的副产品称作麸，主要有米糠、小麦麸、大麦麸、燕麦麸、玉米皮、高粱糠及谷糠等。淀粉质块根块茎类主要为薯类。

蛋白质饲料占精料补充料的20%～30%，主要有植物性蛋白质饲料、动物性蛋白质饲料。植物性蛋白质饲料有豆科籽实

（大豆、蚕豆等）和饼（粕）类饲料。动物性蛋白质饲料有水产、畜禽加工、乳品业等加工副产品，如鱼粉、血粉、肉骨粉、肉粉、羽毛粉等。

93. 怎样处理精料原料饲喂牛效果好？

质地坚硬或有秕壳的饲料，喂前需要铡短或粉碎，否则难以被牛消化而由粪中排出，造成浪费。但不能粉太细，太细容易在瘤胃内沉积，不但影响反刍和饲料的消化，还容易引起瘤胃积食等病患，将饲料粉碎后，也可加工成颗粒饲料。湿润用于粉尘多的饲料，可以预防粉尘呛入气管而造成呼吸道疾病；浸泡多用于硬实的籽实或油饼，使之软化或用于溶去有毒物质。豆科籽实膨化，可提高其消化率，改变其性状。焙炒也可使饲料中的淀粉转化为糊精而产生香味，提高粗饲料的适口性，增进牛的食欲。糖化饲料就是利用谷物籽实中的淀粉酶，把其中的一部分淀粉转化为麦芽糖，以提高适口性。籽实饲料发芽处理，也可提高维生素的含量。

94. 牛常用糟渣类饲料有哪些？

糟渣类饲料属食品和发酵工业副产品，主要有啤酒糟、酒精糟、甜菜渣、淀粉渣、豆渣、果渣、味精渣、糖渣、白酒渣、酱醋渣等，其特点是含水量高（70%～90%），粗蛋白质、粗脂肪和粗纤维含量各异，其营养成分随原料、加工工艺等变化差别较大。

啤酒糟是提取大麦中可溶性糖后的残渣，组成与大麦相近，主要由麦芽的皮壳、叶芽、不溶性蛋白质、半纤维素、脂肪、灰分及少量未分解的淀粉和未洗出的可溶性浸出物组成。酒精糟是以玉米为原料发酵制取乙醇过程中的残渣，含有蛋白质、脂肪、纤维等营养成分，并含有发酵中生成的未知促生长因子。甜菜渣是甜菜制糖时压榨后的残渣，为灰色或淡灰色，略具甜味，呈粉状或丝状。饴糖的主要成分是麦芽糖，是采用酶解法将粮食中的淀粉转化而成的，用于生产制造糖果和糕点。豆渣是来自豆腐、豆奶加工厂的副产品，为大豆浸渍成豆乳后过滤所得残渣。酱渣含有大量菌体蛋白，粗蛋白质含量高达24%～40%，含有B族维生素、无机盐、糊精、氨基酸等。

95. 怎样合理使用糟渣类饲料？

不宜把糟渣类饲料作为日粮的唯一粗饲料，应将其和粗饲料、青贮料配合。长期使用白酒糟时日粮中应补充维生素A，每头每日1万～10万国际单位。糟渣类饲料与其他饲料要搅拌均匀后饲喂。糟渣类饲料应新鲜，若需贮藏，以窖贮效果为好，发霉变质的糟渣类饲料不能用于饲喂。

96. 牛常用矿物质饲料及添加剂有哪些？

矿物质饲料主要有食盐、石粉、贝壳粉等；饲料添加剂主要有瘤胃素、碳酸氢钠、中草药添加剂、磷酸脲等。

(1) 矿物质饲料　食盐，既可满足钠和氯的需要，又可满足机体对矿物质平衡的要求。补饲食盐时，除了直接拌在饲料中外，也可制成微量元素预混料的食盐砖，供放牧家畜舔食。石粉为天然的碳酸钙，含钙35%以上，是补充钙最廉价、最方便的矿物质原料。天然矿物质用于饲料的还有许多种，如沸石、麦饭石、膨润土、皂石、海泡石、凹凸棒石等。

(2) 营养性添加剂　微量元素添加剂，如铁、锌、锰、铜、钴、碘、硒等需通过添加剂补充。维生素添加剂，以黄干秸秆为主要粗料，无青绿饲料或用酒糟育肥牛时，要注意维生素A、维生素D、维生素E的补充。因为牛机体自身能够合成B族维生素、维生素K及维生素C，因此，除犊牛外，日粮中不用额外添加上述维生素。氨基酸添加剂，因牛消化生理上的特点，氨基酸如果被直接添加到饲料中，就会在瘤胃中被微生物分解成氨态氮，造成资源的浪费。但氨基酸添加剂可以用于犊牛的代乳品或开食料中，并取得良好的促生长效果。成年牛或育肥牛的氨基酸添加剂必须用特殊的方法补加才能见效。

（3）非营养性添加剂　非营养性饲料添加剂是指为保证或者改善饲料品质、提高饲料利用率而掺入到饲料中的少量或者微量物质。瘤胃素的有效成分为瘤胃素钠盐，无残留，无需停药期。它通过减少瘤胃甲烷气体能量损失和饲料蛋白质降解及脱氨损失，控制和提高瘤胃发酵效率。中草药添加剂不但可以提供给牛大量的氨基酸、维生素、微量元素等营养物质，还能提高饲料的利用率，促进畜禽生长，富含多糖类、有机酸类、黄酮类、生物碱类等天然的生物活性物质，可增强机体的免疫力，防治疾病，保持健康。

97. 怎样合理使用矿物质饲料及添加剂?

天然的矿石，使用时要注意其纯度；有害元素含量，如氟、铝、砷等是否超标；物理形态如比重、细度；钙、磷利用率和价格；草酸、脂肪酸等的副作用。

食盐用于饮水时，注意浓度和饮用量。不经脱脂、脱胶和热压灭菌而直接粉碎制成的生骨粉，易腐败变质，常携带大量病菌，用于饲料易引发疾病传播。贝壳粉内常掺杂砂石和泥土等杂质，使用时应注意检查，另外若贝肉未除尽，加之贮存不当，堆积日久易出现发霉、腐臭等情况。使用蛋壳粉应注意蛋壳干燥的温度应超过82℃，以消除传染病源。

饲料添加剂长期使用不应对畜禽产生急、慢性的毒害作用和不良影响；必须具有明确的生产效果和经济效益；在饲料和畜禽体内具有较好的稳定性；不影响饲料的适口性；在畜禽产品中的残留量不超过标准，不影响畜禽产品的质量和人体健康；所用化工原料，其中所含有毒金属量不得超过允许使用限度；不影响种畜生殖生理及胎儿发育；不得超过有效期或失效；不污染环境，有利于畜牧业可持续发展。

98. 牛日粮配合的原则是什么？

一是配方设计的科学性。饲料配方包含动物营养、饲料、原料特性与分析、质量控制等先进知识。各项营养指标必须建立在科学的标准基础上，能够满足动物在不同生长期对各种成分的需要，指标之间具备合理的比例关系。

二是饲料的适口性和饱腹性。饲料的适口性直接影响动物的采食量。精粗饲料比例依牛的类型和粗饲料的品质优劣而不同。一般按精粗比（30～40）∶（60～70）搭配。

三是饲料的经济性和市场性。饲料的费用占整个养殖成本的70％左右，所以在配合日粮时，要因地制宜充分开发当地饲料资源，精打细算，降低成本。饲料配方应从经济的、实用的原则出发。

四是饲料的安全性和合法性。配方设计必须遵守国家有关饲料生产的法律法规。提高饲料产品的内在质量，使之安全、无毒、无药残、无污染，符合营养指标、感官指标、卫生指标。

三、牛场建设与环境控制

99. 建设牛场，应怎样选择场址？

牛场场址选择应符合本地区农牧业生产发展总体规划、土地利用发展规划、城镇建设发展规划和环境保护规划的要求。牛场选址场地应当地势高燥，向阳背风，地面要平坦、稍有坡度，以便排水，防止积水和泥泞。牛场地形要开阔整齐，理想的是正方形或长方形，尽量避免狭长形或多边形。牛场的场地以沙壤土最为理想，其透气、透水性良好，持水性小，雨后不泥泞，有利于牛舍及运动场的清洁与卫生，有利于防止蹄病的发生。水源充足、清洁。应考虑饲料的就近供应，特别是青粗饲料应尽量由当地供应，或本场计划出饲料地自行种植，以避免因长途运输大量粗饲料而提高饲养成本。牛场生产、生活用电都要求有可靠的供电条件。同时，通信条件方便是现代化、规模化牛场对外交流、合作的必备条件，便于产品交换与流通。场区要求交通便利，修建专用通道与公路相连。

100. 牛场建设应如何布局？

场区规划时，首先从人畜保健的角度出发，考虑场址地势和当地全年主风方向，合理安排各区位置（图2-1），以建立最佳生产联系和环境卫生防疫条件，通常把牛场分为管理办公区、辅助生产区、生产区、粪污处理及隔离区。各区内分别建设相应的各种设施。各区之间用围墙和绿化隔离带明确分开，各区之间建立相互联系的各种通道。

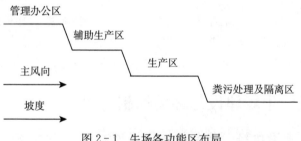

图2-1 牛场各功能区布局

①管理办公区是牛场管理部门所在地，是经营活动与社会联系的场所。应建在奶牛场上风处和地势较高地段，并与生产区严格分开，保证50米以上距离。

②辅助生产区内主要建设有牛生产的辅助设施，包括精料库、青贮窖、干草棚、饲料加工调制车间、库房、机修间、锅炉房、配电房（包括备用发电机房）、水井与泵房、地磅房等设施。

③生产区是牛场的核心和主体，置于辅助生产区的后面，其

后面或东侧面与粪污处理区相连。相互间用围墙隔开，入口处设有车辆消毒池和人员消毒更衣室。主要包括泌乳牛舍、干奶牛舍、青年牛舍、育成牛舍、断奶犊牛舍、哺乳犊牛舍、产房、挤奶厅、运动场与凉棚、人工授精室等设施。生产区内中间设净道，用于饲料的运进；两边设污道，用于粪便的运出。

④粪污处理区设在生产区外围下风或侧风向地势低处，与生产区保持300米以上的间距。以围墙与生产区隔开，并向场区外设单独通道和门，以便经无害化处理的牛粪、废水和其他相关产品的直接运出。处理病死牛的尸坑或焚尸炉更应严格隔离，距离牛舍要保持在500米以上距离。

101. 奶牛舍类型有哪几种？

按牛舍屋顶形式不同，可将奶牛舍分为钟楼式、半钟楼式、双坡式和弧形式四种。

①双坡式：屋顶呈楔形，适用于较大跨度的牛舍。造价较低，适用性强，在南、北方均用得较为普遍。

②弧形式：采用钢材和彩钢瓦做材料，结构简单，坚固耐用，适用于大跨度的牛舍。

③半钟楼式：通风较好，但夏天牛舍北侧较热，构造复杂。

④钟楼式：通风良好，适合于南方地区，但构造比较复杂，耗料多，造价高。

102. 肉牛舍建筑类型有哪几个？

（1）拴系式肉牛舍　拴系式肉牛舍也称常规牛舍，每头牛都用铁链或颈枷固定拴系于食槽或栏杆上，限制活动；每头牛都有固定的槽位和牛床。目前国内采用舍饲的肉牛舍多为拴系式，尤其是高强度育肥肉牛。拴系式饲养占地面积少，节约土地，管理比较精细，牛只活动少，饲料报酬高。从环境控制的角度，可将拴系式肉牛舍分为封闭式牛舍、半开放式牛舍、开放式牛舍和棚舍四种。

（2）围栏式肉牛舍　围栏式肉牛舍又叫无天棚、全露天牛舍，是按牛的头数，以每头繁殖牛 30 米^2、幼龄肥育牛 13 米^2 的比例加以围栏，将肉牛养在露天的围栏内，除树木土丘等自然物或饲槽外，栏内一般不设棚舍或仅在采食区和休息区设凉棚。这种饲养方式投资少、便于机械化操作，适用于大规模饲养。围栏式肉牛舍多为开放式或棚舍，并与围栏相结合使用。

103. 牛场配套设施有哪些？

①人员、车辆清洁消毒设施：牛场大门及各区入口处、各舍入口处均应设置相应的消毒设施，如车辆消毒池、脚踏消毒池（槽）或喷雾消毒室、更衣换鞋间、紫外线消毒走廊等，便于人员和车辆通过时消毒。

②兽医室、隔离舍：兽医室大小根据实际情况灵活设计，隔离舍可按牛场存栏量的 2%～5% 设计，隔离舍应建在牛场的下风向和低洼处，而且应建在相对偏僻一角，便于隔离，减少空气和水的污染传播。

③防暑设施：牛场植树能提供荫凉，又不阻挡通风。运动场上若没有大树应搭建部分凉棚。此外，炎热季节可采用安装大型排风扇和喷雾水龙头等手段进行防暑。

④运动场：运动场一般设在牛舍南侧为好，一般利用牛舍间的空地，也可设置在牛舍两侧，或设在场内比较开阔的地方。

⑤围栏：运动场四周设围栏，可用钢筋混凝土立柱式铁管。围栏外设排水沟。

⑥饮水槽和补饲槽：饮水槽设在运动场的东侧或西侧，补饲槽设在运动场北侧靠近牛舍门口，便于饲养员收集牛吃剩草料。补饲槽的大小、长度根据牛群大小而定，尽量避免相互争食、争饮而打斗。

⑦饲料加工间：根据牛场规模大小配备粉碎、称量、混合等

机具，以及存放啤酒糟、糖蜜、食盐等原料的场所；一般采用举架较高的平房。

⑧青贮窖：我国北方地区大多采用青贮窖（池）进行青贮，青贮窖应位置适中，地势较高，防止粪尿等污水浸入污染，同时要考虑出料时运输方便，减小劳动强度。

⑨干草棚及草库：尽可能地设在下风向地段，与周围房舍至少保持50米以上距离，单独建造，附近设有值班室并备有消防设施等。

⑩乳品处理间：奶牛场所生产的牛乳一般需经过初步处理方可出场，故凡有条件的牛场均应建立乳品处理间，其至少包括两部分，即乳品的冷却处理部分和贮藏、洗涤及器具消毒部分。

⑪贮粪场：贮粪场应设在生产区的下风处，与牛舍保持100米的间距，大小应根据每天平均排出粪尿和冲污污水量而定。

104. 牛舍内的适宜温、湿度是多少？

牛是恒温动物，通过自身的体温调节保持最适的体温范围以适应外界环境变化。犊牛舍适宜温度为12～15℃，成年奶牛舍适宜温度保持在9～16℃，对奶牛饲养有利。肉牛舍内适宜温度为10～15℃。空气湿度对牛体机能的影响，主要是通过水分蒸发影响牛体散热，干扰牛体热调节。在一般温度环境中，空气湿度对牛体热调节没有影响。但在高温和低温环境中，湿度升高将加剧高温或低温对牛生产性能的不良影响。空气相对湿度一般保持在55％～85％。

105. 怎样调控牛舍内温、湿度？

牛的体温调节就是牛借助产热和散热过程进行的热平衡。环境温度高于或低于牛的适宜温度都会给其生长发育和生产力的发挥带来不良影响。防寒保暖主要采用加强牛舍的保温设计、加大饲养密度、铺设垫草、控制潮湿度、控制气流、防止贼风、利用温室效应等办法；奶牛生产场在寒冷季节，可采用简易型加热水槽或对空气进行加温。防暑降温主要采用遮阳、加强通风、喷淋和喷雾、湿帘通风等降温办法。

牛舍湿度控制首先要科学选择场址，把牛舍修建在高燥的地方；牛舍的墙基和地面应设防潮层；对已建成的牛舍应待其充分干燥后再使用，同时，要加强牛舍保温，勿使舍温降至冰点以下；设计好排污系统，及时清除粪尿，减少水分蒸发；在饲养管理过程中尽量减少作业用水，合理使用饮水器；保持舍内通风良好，在保证温度的情况下尽量加强通风换气，及时将舍内过多的水汽排出。

106. 怎样实施牛舍的通风换气？

炎热季节，加强通风换气，有助于防暑降温，有利于排出牛舍有害气体，改善牛舍环境卫生状况。寒冷季节，若牛舍受大风侵袭，会加重低温效应，牛只抗病力减弱，易患呼吸道、消化道疾病，如肺炎、肠炎等。

牛舍内通风可以通过自然通风和机械通风两种方式进行。大型封闭舍，尤其无窗舍，无论自然通风还是机械通风，设置进、排气管时均需注意以下问题：一是进、排气管设置要均匀，并保持适当间距，使两管之间无死角区，但也应防止重复进气与排气；二是进、排管内均设置调节板，以调节气流的方向和通风换气量；三是进、排气口间应保持一定距离，以防发生"通风短路"，即新鲜空气直接从进气口到排气口，不经过活动区而直接被排出。

107. 牛舍内有害气体有哪些？对牛有何危害？

牛舍有害气体主要有氨气、硫化氢和二氧化碳等。牛舍中的氨气主要来自粪便的分解和氨化秸秆的余氨。氨气刺激黏膜引起黏膜充血、喉头水肿等。氨气的浓度达到 50 毫克/米^3 时，对奶牛生产性能有影响。硫化氢是有机物质分解产生的。当喂给牛丰富的蛋白质饲料，而机体消化机能又发生紊乱时，也可排出大量的硫化氢。奶牛舍内硫化氢浓度最大允许量不应超过 10 毫克/米^3，一氧化碳浓度应低于 0.8 毫克/米^3。硫化氢和一氧化碳浓度过高对奶牛有较大危害，同时也影响人的健康。二氧化碳虽然不会引起奶牛中毒，但二氧化碳浓度能表明奶牛舍空气的污浊程度，所以二氧化碳浓度常作为卫生评定的一项间接指标。奶牛舍二氧化碳浓度应低于 1 500 毫克/米^3。

在牛的规模化生产中，牛只呼吸、排泄物和生产中的有机物分解会产生大量的有害气体。这些有害气体常会造成牛大量发病，生产性能严重降低。因此，可通过一些措施进行合理控制，如合理选择牛场场址，牛场选择在远离污染源且通风较顺畅的地方；科学设计牛舍，舍内设置良好排水系统、清粪设施和通风系统，及时清除粪尿污物；合理组织通风换气；科学配置日粮，在饲料中使用添加剂等。

108. 怎样调控牛舍内的光照？

适宜的光照能够促进奶牛的生长发育，增强免疫力，对牛的生理机能也有重要的调节作用。牛舍的光照包括自然采光和人工照明两部分。

（1）自然采光　牛舍的自然采光是温度调节的重要手段。牛舍的朝向是影响采光效果的重要因素，我国北方地区太阳高度角冬季小、夏季长，牛舍朝向以正南朝向为宜。在牛舍的具体设计和布局中，由于受各种因素的影响不能完全采用正南朝向的，可向东或向西做 15°～30°的偏转。自然采光设计还要通过合理设计窗户的面积、位置、形状和数量，以保证牛舍的自然光照标准，并尽量使舍内光照均匀。

（2）人工照明　人工照明以白炽灯和荧光灯等人工光源实现

舍内光照要求。在生产实践中可通过人工光照控制光周期，对牛生产性能产生影响。

四、牛的饲养管理

109. 如何对乳用犊牛进行饲喂？

犊牛一般是指从初生到 6 月龄的牛。初生时犊牛自身的免疫机制发育还不够完善，对疾病的抵抗能力较差，主要依靠母牛初乳中的免疫球蛋白来抵御疾病的侵袭。另外，瘤胃和网胃发育差，结构还不完善，微生物区系还未建立，消化主要靠皱胃和小肠。所以，对饲养管理的要求较高。

（1）哺喂初乳 初乳是指奶牛产后 5～7 天内所分泌的乳。初乳色黄浓稠，并有特殊的气味。初乳中含有丰富且易消化的养分，是犊牛出生后的唯一食物来源。初乳中含有大量的免疫球蛋白，犊牛摄入初乳后，可获得被动免疫。母牛抗体不能通过牛的胎盘，因此，出生后通过小肠吸收初乳中的免疫物质是新生犊牛获得被动免疫的唯一来源。犊牛对抗体完整吸收能力在出生后的几个小时内迅速下降，若犊牛在出生后的 12 小时后才饲喂初乳，就很难从初乳中获得大量抗体及其所提供的免疫力；若出生 24 小时后才饲喂初乳，犊牛对初乳中免疫球蛋白的吸收能力几乎为零，犊牛会因未能及时获得大量抗体而导致发病率升高。

此外，初乳酸度较高（45～50°T），使胃液变为酸性，可有效抑制有害菌繁殖；初乳富含溶菌酶，具有杀菌作用；初乳浓度高，流动性差，可代替黏液覆盖在胃肠壁上，阻止细菌直接与胃肠壁接触侵入血液，起到良好的保护作用；初乳中含有镁和钙的中性盐，具有轻泻作用，特别是镁盐，可促进胎粪排出，防止消化不良和便秘。

第 1 次初乳应在犊牛出生后约 30 分钟内喂给，最迟不宜超过 1 小时。根据初生犊牛的体重大小及健康状况，确定初乳的喂量。第 1 次初乳喂量一般为 1.5～2 千克，约占体重的 5%，不能太多，否则会引起犊牛消化紊乱。第 2 次饲喂初乳的时间一般在出生后 6～9 小时。初乳日喂 3～4 次，每天喂量一般不超过体重的 8%～10%，饲喂 4～5 天；然后，逐步改为饲喂常乳，日喂 3 次。犊牛每次哺乳 1～2 小时后，应给予 35～38℃的温开水1 次。

（2）饲喂常乳　常乳喂量 1～4 周龄为体重的 10%，5～6 周龄为体重的 10%～12%，7～8 周龄为体重的 8%～10%，8 周龄后逐步减少喂量，直至断奶。对采用 4～6 周龄早期断奶的母犊，断奶前喂量为体重的 10%。

（3）训练饮水　犊牛出生 24 小时后，即应获得充分饮水，不可以用乳来替代水。最初 2 天水温要求和乳温相同，控制在37～38℃，尤其在冬季最好饮用温水，避免犊牛腹泻。

（4）训练采食　犊牛从生后第 4 天开始，补饲开食料。将少量犊牛开食料（颗粒料）放在乳桶底部或涂抹于犊牛的鼻镜、嘴唇上诱食，训练其自由采食，根据食欲及生长发育速度逐渐增加喂量，当开食料采食量达到 1～1.5 千克时即可断乳。

110. 乳用犊牛的管理要点有哪些？

（1）对犊牛称重、编号、标记、建立档案　初生重和月龄体重可反映出胚胎期和出生后犊牛的生长发育情况，进而推断饲养管理的好坏，以及成年后的体格大小等。犊牛在出生后应根据毛色花片、外貌特征、出生日期、父母情况等信息建立档案，并详细记录这些信息。登记后要求永久保存，便于生产管理和育种工作之需。

（2）选择犊牛的饲养方式　犊牛的饲养分单栏和 5～10 头的小群通栏饲养。单栏饲养，可避免犊牛之间的接触，减少了疾病的传播；小规模的通栏饲养，能有效地利用空间，节约建设成本。牛场可根据自身的特点，选择犊牛的饲养方式。

（3）预防疾病　犊牛期是牛发病率较高的时期，尤其是在出生后的前几周。主要原因是犊牛抗病力较差，此期的主要疾病是犊牛肺炎和腹泻。

（4）剪除副乳头　乳房有副乳头时不利于乳房清洗，容易发生乳房炎。因此，在犊牛阶段应剪除副乳头。剪除副乳头的最佳时间是2～6周龄，尽量避开夏季。

（5）适时去角　为了便于成年后的管理，减少牛体之间的相互伤害，犊牛应在早期去角。去角在犊牛的2月龄前进行，这一时期犊牛的角根芽在头骨顶部皮肤层，处于游离状态，2月龄后，牛角根芽开始附着在头骨上，小牛角开始生长。去角常用的方法有加热法和药物法。

①加热法是利用高温破坏角的生长点细胞，达到不再长角的目的。此法应在犊牛3～5周龄进行。方法是先将电动去角器通电升温至480～540℃，然后用加热的去角器处理角基，每个角基根部处理5～10秒即可。

②药物法是采用药物处理角基的方法，常用药物为棒状苛性钠（氢氧化钠）或苛性钾（氢氧化钾），通过灼烧、腐蚀，破坏角的生长点，达到抑制角生长的目的。此法应在犊牛7～12日龄进行。具体做法是：先剪去角基部的毛，在角根周围涂上凡士林，然后用苛性钠（或苛性钾）在剪毛处涂抹，直至有微量血丝渗出。注意保护好操作员的手和犊牛的其他部位皮肤、眼睛，避免碱的灼伤。

（6）日常管理

培育犊牛是一项责任心很强的工作。日常管理中，首先要对犊牛自身及其周围环境的卫生状况严格把关；其次要做好犊牛的健康观察工作和保证犊牛每日合理的运动。

111. 为什么对乳用犊牛要进行早期断奶？

传统的犊牛哺乳时间一般为6个月，喂奶量800千克以上。

随着科学研究的进步，人们发现缩短哺乳期不仅不会对母犊产生不利影响，反而可以节约乳品，降低犊牛培育成本，增加犊牛的后期增重，促进后备牛的提早发情，改善健康状况和母牛繁殖率。早期断奶的时间不宜采用一刀切的办法，需要根据饲养者的技术水准、犊牛的体况和补饲饲料的品质确定。在我国当前的饲养水平下，采用总喂奶量 250～300 千克，60 天断奶比较合适。对少数饲养水平高、饲料条件好的奶牛场，可采用 30～45 天断奶，喂奶量在 100 千克以内。目前国外犊牛早期断奶的哺乳期大多控制在 3～6 周，以 4 周居多，也有喂完 7 天初乳就进行断奶的报道。英国、美国一般主张哺乳期为 4 周（日本多为 5～6周），哺乳量控制在 100 千克以内。

112. 什么是育成牛？如何对育成牛进行饲喂？

育成牛一般是指 7 月龄至第一次产犊阶段的母牛。育成牛饲料既要保证饲料有足够的营养物质，以获得较高的日增重；又要具有一定的容积，以促进瘤、网胃的发育。

（1）7～12 月龄育成牛的饲养　日粮以优质粗饲料为主，适当补充精料，平均日增重应达到 0.7～0.8 千克。注意粗饲料质量，营养价值低的秸秆喂量不应超过粗饲料总量的 30%。一般精料喂量每天 2.5 千克左右，从 6 月龄开始训练育成牛采食青贮饲料。

（2）13 月龄～初次配种期间的饲养　此阶段育成母牛没有妊娠和产奶负担，而利用粗饲料的能力大大提高。因此，只提供优质青、粗饲料基本能满足其营养需要，可少量补饲精饲料。此期饲养的要点是保证适度的营养供给。营养过高会导致母牛配种时体况过肥，易造成不孕或以后的难产；营养过差会使母牛生长发育受到抑制，发情延迟，15～16 月龄无法达到配种体重，从而影响配种时间。

（3）初次妊娠母牛的饲养　初次妊娠母牛指初配受胎至产犊前的母牛。初次妊娠母牛不得过肥，要保持适当膘情，以刚能看清最后两根肋骨为较理想上限。在妊娠初期胎儿增长速度不快，此时的饲养与配种前基本相同，以粗饲料为主，根据具体膘情补充一定数量的精料，保证优质干草的供应。

113. 育成牛管理要点有哪些？

（1）分群饲养　育成牛应根据年龄和体重情况进行分群，月龄最好相差不超过 3 个月，活重相差不超过 30 千克，每组的头数不超过 50 头。

（2）定期称重和测定体尺　育成母牛应每月称重，并测量 12 月龄、16 月龄的体尺，详细记入档案，作为评判育成母牛生长发育状况的依据。

（3）适时配种　育成母牛的适宜配种年龄应依据发育情况而定。一般情况下，荷斯坦牛 14～16 月龄体重达到 350～400 千克时初配。

（4）加强运动　育成牛每天至少有 2 小时以上的驱赶运动。在放牧条件下运动时间充足，可达到运动要求。初次妊娠母牛也应加大运动量，以防止难产的发生。

（5）刷拭和调教　育成母牛生长发育快，每天应刷拭 1～2 次，及时去除皮垢，以保持牛体清洁，同时促进皮肤代谢并养成温顺的性格，易于饲养管理。

（6）乳房按摩　育成母牛在 12 月龄以后即可进行乳房按摩。按摩时避免用力过猛，用热毛巾轻轻揉擦，每天 1～2 次，每次 3～5 分钟，至分娩半个月前停止按摩。

（7）饮水　因育成牛采食大量粗饲料，必须供应充足清洁的饮水。要在运动场设置充足饮水槽，供牛自由饮用。

114. 成年奶牛饲养技术要点有哪些？

正确的饲养管理是维护奶牛健康，发挥泌乳潜力，保持正常繁殖机能的最基本工作。虽然不同阶段的饲养管理重点不同，但在整个饲养期内都应该遵守执行一些基本的饲养管理技术。

（1）合理确定日粮　保持合理的精粗比，选择合适的饲料原料，保持饲料的新鲜和洁净，在饲料原料的收割、加工过程中，避免将铁丝、玻璃、石块、塑料等异物混入。

（2）定时、定量饲喂　定时饲喂会使奶牛消化腺体的分泌形成固定规律，有利于提高饲料的利用率。饲喂次数增加有利于提高生产力，但饲喂次数增加会加大劳动强度和工作量。国内养殖场普遍采用日喂 3 次，部分养殖场采用日喂 2 次。对高产奶牛最好采用日喂 3 次，年产奶量低于 4 000 千克的奶牛可采用日喂 2 次。生产中应尽量使 2 次饲喂的时间间隔相近。比较理想的方法是精饲料定时饲喂，粗饲料自由采食；或采用全混合日粮（TMR）定时饲喂。

（3）合理的饲喂顺序　对于没有采用全混合日粮饲喂的奶牛场，应确定合理的精、粗饲料饲喂顺序。从营养生理的角度考虑，较理想的饲喂顺序是：粗饲料→精饲料→块根类多汁饲料→粗饲料，采用这种饲喂顺序有助于促进唾液分泌，使精、粗饲料充分混匀，增大饲料与瘤胃微生物的接触面，保持瘤胃内环境稳定，增加粗饲料的采食量，提高饲料利用率。

（4）充足、清洁、优质的饮水　牛舍、运动场必须安装自动饮水装置供牛自由饮用。没有自动饮水设备的牛场，每天饲喂后必须及时供应饮水，冬季 3 次，夏季 4～5 次。冬季饮水温度不应低于 8～12℃，高产牛 14～16℃；夏季应供凉水。

（5）加强运动　对于拴系饲养的奶牛，每天至少要进行 2～3 小时的户外运动。对于散养的奶牛，每天在运动场自由活动的时间不应少于 8 小时。但应避免剧烈运动，特别是对于妊娠后期的牛。

（6）乳房护理　首先要保持乳房的清洁，这样可以有效减少乳房炎的发生；其次，要经常按摩乳房，以促进乳腺细胞的发育。在特殊情况下，可以使用乳罩保护乳房。要充分利用干乳期预防和治疗乳房炎，并定期进行隐性乳房炎检测。

（7）刷拭牛体

奶牛每天应刷拭 2～3 次。梳刷时精神要集中，随时注意奶牛的动态，以防被牛踢伤、踩伤。刷下的灰尘要避免污染饲料。对有皮肤病和寄生虫病的牛要采用单独的刷子，每次刷完后对刷子进行消毒。刷拭应在挤奶前 0.5～1 小时完成。

（8）做好观察和记录

饲养员每天要认真观察每头牛的精神、采食、粪便和发情状况，以便及时发现异常情况。要做好每天的采食和泌乳记录。发现采食或泌乳异常，要及时找出原因，并采取相关措施纠正。

115. 什么是干奶牛？干奶牛饲养要点有哪些？

泌乳牛在下一次产犊前有一段停止泌乳的时间，称干乳期，干乳期的奶牛称作干奶牛。干乳期的长短，依每头母牛的具体情况而定。一般为 45～75 天，平均 60 天。

母牛干乳期的饲养可分为干乳前期和干乳后期两个阶段进行。此期饲养任务是：保证胎儿正常发育，给母牛积蓄必要营养物质，在干乳期间，使体重增加 50～80 千克，为下一个泌乳期产更多的奶创造条件。在此期间应保持中等营养体况，被毛光泽、体态丰满、不过肥或过瘦。精料给量标准：每头日喂 3～4 千克。其他粗料给量标准：青饲、青贮每头每日 10～15 千克左右；优质干草 3～5 千克；糟渣类、多汁类每头每日不超过 5 千克。管理上做好保胎工作，防止流产、难产及胎衣滞留，坚持适当运动，但必须与其他牛群分开，以免互相顶撞造成流产，加强皮肤刷拭，保持皮肤清洁，按摩乳房，促进乳腺发育。

116. 奶牛挤奶前要做哪些准备工作？

挤奶技术是发挥奶牛产奶性能的关键之一，同时，挤奶技术还与牛奶卫生以及乳腺炎的发病率直接相关。正确而熟练的挤奶技术可显著提高泌乳量，并大幅度减少乳腺炎的发生。挤奶方式主要分为手工挤奶和机械挤奶。挤奶前，要将所有的用具和设备洗净、消毒，并集中在一起备用。挤奶员要剪短并磨圆指甲，穿戴好工作服，用肥皂洗净双手。先用温水将奶牛后躯、腹部清洗干净，再用50℃的温水洗乳房。擦洗时，先用湿毛巾依次擦洗乳头孔、乳头和乳房，再用干毛巾自下而上擦净乳房的每一个部位。每头牛所用的毛巾和水桶都要做到专用，以防止交叉感染。

117. 挤奶注意事项有哪些？

①要建立完善合理的挤奶规程。在操作过程中严格遵守挤奶规程，并建立一套行之有效的检查、考核和奖惩制度。

②要保持奶牛、挤奶员和挤奶环境的清洁、卫生。挤奶环境还要保持安静，避免奶牛受惊。挤奶员要和奶牛建立亲和关系，严禁粗暴对待奶牛。

③挤奶次数和挤奶间隔确定后应严格遵守，不要轻易改变，否则会影响泌乳量。

④产犊后5～7天内的母牛和患乳房炎的母牛不能采用机械挤奶，必须使用手工挤奶。使用机械挤奶时，安装挤奶杯的速度要快，不能超过45秒。

⑤挤奶时密切注意乳房情况，及时发现乳房和奶的异常。同时，既要避免过度挤奶，又要避免挤奶不足。

⑥挤乳后，尽量保持母牛站立1小时左右。这样可以防止乳头过早与地面接触，使乳头括约肌完全收缩，有利于降低乳房炎发病率。常用的方法是挤奶后供给新鲜饲料。

⑦迅速进行挤奶，中途不要停顿，争取在排乳反射结束前将奶挤完。

⑧挤奶时第一、第二把奶中含细菌较多，要弃去不要，病牛、使用药物治疗的牛、乳房炎牛的牛奶不能作为商品奶出售，不能与正常奶混合。

⑨挤奶机械应注意保持良好工作状态，管道及盛奶器具应认真清洗、消毒。

118. 鲜奶要做怎样的初步处理？

（1）鲜奶的过滤　刚挤下的牛乳必须用多层（3～4 层）纱布或过滤器进行过滤，以除去牛乳中的污物和减少细菌数目。纱布或过滤器每次用后应立即洗净、消毒，干燥后存放在清洁干燥处备用，也可以在输乳管道上隔段加装过滤筒对牛乳进行过滤。用过的过滤筒必须按时更换和消毒。

（2）鲜奶的冷却　过滤后的牛奶应立即冷却到 4～5℃，冷却降温可有效抑制微生物的繁殖速度，延长牛乳保存时间。常用的冷却方法主要有水池冷却法、冷排冷却法、热交换器冷却法、直冷式乳罐冷却法等。

（3）鲜奶的运输　奶牛场生产的鲜奶往往需要运至奶品厂进行加工。如果运输不当，会导致鲜奶变质，造成重大损失。因此要防止鲜奶在运途中温度升高，尤其在夏季运输，最好选择在早晚或夜间进行。运输工具最好用专用的奶罐车，如用奶桶运输应用隔热材料遮盖。容器内必须装满盖严，以防止在运输过程中鲜奶因震荡而升温或溅出。尽量缩短运输时间，严禁中途停留。运输容器要严格消毒，避免鲜奶在运输过程中受到污染。

119. 肉牛的肥育方法有哪些？

牛的肥育有持续肥育和后期集中肥育两种方法。

（1）持续肥育　持续肥育是指犊牛断奶后，立即转入肥育阶段进行肥育，一直到出栏体重（12～18 月龄，体重 400～500 千克）。既可采用放牧加补饲的肥育方式，也可以采用舍饲拴系肥育方式。持续肥育由于在饲料利用率较高的生长阶段肉牛保持较高的增重，日粮中的精料可占总营养物质的 50％以上。持续肥育生产的牛肉鲜嫩，仅次于小白牛肉，而成本较犊牛肥育低，是一种很有推广价值的肥育方法。

（2）后期集中肥育　对 2 岁左右未经肥育的或不够屠宰体况的牛，在较短时间内集中较多精料饲喂，让其增膘的方法称为后期集中肥育。这种方法对改良牛肉品质、提高肥育牛经济效益有较明显的作用。后期集中肥育有放牧加补饲法、秸秆加精料日粮类型的舍饲肥育、青贮料日粮类型的舍饲肥育及酒糟日粮类型的舍饲肥育等方法。

120. 育肥牛的饲喂技术有哪些？

（1）饲喂时间　黎明和黄昏前后是牛每天采食最紧张的时刻，尤其在黄昏时牛采食频率最大。因此，无论舍饲还是放牧，早、晚两头是喂牛的最佳时间。

（2）饲喂次数　肉牛的饲喂可采用自由采食或定时定量饲喂两种方法。目前，我国肉牛企业多采用每天饲喂 2 次的方法。

（3）饲喂顺序　随着饲喂机械化程度越来越高，应逐渐推广全混合日粮喂牛，提高牛的采食量和饲料利用率。不具备条件的牛场，可采用分开饲喂的方法。为保持牛的旺盛食欲，促其多采食，应遵循"先干后湿，先粗后精，先喂后饮"的饲喂顺序，坚持少喂勤添、循环上料，同时要认真观察牛的食欲、消化等方面的变化，及时做出调整。

（4）饲料更换　饲料更换时应采取逐渐更换的办法，应该有 3～5 天的过渡期。在饲料更换期间，饲养管理人员要勤观察，发现异常，应及时采取措施。

（5）饮水　育肥牛采用自由饮水法最为适宜，冬季北方天冷，只能定时饮水，但每天至少 3 次。

121. 育肥牛的管理技术要点有哪些？

（1）合理分群　育肥前应根据育肥牛的品种、体重大小、性别、年龄、体质强弱及膘情情况合理分群。

（2）及时编号　应在牛购进场后立即编号，并换缰绳。编号方法多采用耳标法。

（3）定期称重　增重是肉牛生产性能高低的重要指标。为合理分群和及时了解育肥效果，要进行肥育前称重、肥育期称重及出栏称重。

（4）限制运动　到肥育中、后期，每次喂完后，将牛拴系在短木桩或休息栏内，以减少牛的活动消耗，提高育肥效果。

（5）每天刷拭牛体　随着肉牛肥育程度加大，其活动量越来越小。坚持每天上、下午刷拭牛体各 1 次，每次 5～10 分钟，以增加血液循环，提高代谢效率。

（6）定期驱虫　寄生虫病的发生具有地方性、季节性流行特征，且具有自然疫源性，因此，加强预防尤为重要。肉牛转入育肥期之前，应做一次全面的体内外驱虫和防疫注射；育肥过程中及放牧饲养的牛都应定期驱虫。外购牛经检查健康后方可转入生产牛舍。

（7）加强防疫、消毒工作　每年春、秋季检疫后对牛舍内外及用具进行消毒；每出栏一批牛，都要对牛舍进行一次彻底清扫消毒；严格防疫卫生管理，谢绝参观；结合当地疫病流行情况，进行免疫接种。

（8）及时出栏　判断肉牛最佳肥育结束期，及时出栏，对提高养殖经济效益及保证牛肉品质都具有极其重要的意义。

122. 尿素等非蛋白氮饲料喂牛应注意哪些事项？

牛可利用非蛋白氮（NPN）中的氮素，合成大量优质菌体蛋白，成为其蛋白质营养的重要来源之一，因此，饲料中添加少量非蛋白氮，可大量节省蛋白质饲料，降低成本。非蛋白氮饲料主要包括尿素、碳铵等。尿素是应用最广、最早的一种非蛋白氮饲料。在肉牛饲料中添加尿素时，要注意的核心问题是在提高牛对其利用率的同时避免氨中毒。为此，在实际生产中要注意以下几个方面：

①每天饲用的尿素总量要分多次饲喂，每次喂量不可过大，有利于稳定瘤胃氨的浓度，避免浪费和中毒。

②尿素不能单独饲喂或溶于水中饲喂，喂后1小时不能饮水，以避免尿素直接流入皱胃，引起中毒。

③精料中添加尿素饲喂时，不能同时喂生豆饼，因豆饼中含有脲酶，在有水的情况下，加速尿素分解，造成损失。

④喂尿素应有2～3周的过渡期，喂量由少至多逐渐增加。

⑤由于尿素适口性差，因此，最好将尿素加在混合精料内饲喂，或者同淀粉类饲料、食盐等矿物质饲料制成尿素矿物质饲料砖，供牛舔食，或制成含尿素0.5%左右的青贮玉米料饲喂。

⑥日粮配合应合理。日粮中能量水平高、蛋白质水平低（低于12%）时添加非蛋白氮效果好，而当日粮中蛋白质水平超过14%时，添加后效果不明显。

⑦尿素安全用量不要超过日粮干物质的1%。体重500千克左右的成年牛的喂量，每天150克左右（按每100千克体重20～30克计算），并且要混合均匀。

⑧尿素只能在瘤胃机能成熟后添加。犊牛不能饲喂非蛋白氮饲料。过早添加易引起尿素中毒。

⑨喂后应注意观察。给牛喂尿素一般不会发生中毒，但如果饲喂方法不当则可能发生。对中毒的牛只，应立即停喂尿素，并及时抢救。

值得一提的是，尿素虽然是一种很好的蛋白质补充料，可以为牛提供氮素，但却不能提供其他营养。因此，利用尿素补充蛋白质时，必须同时补充能量、矿物质和维生素，这样才能收到应有的效果。

123. 什么是架子牛？架子牛怎么选择？

架子牛通常是指未经肥育或不够屠宰体况的牛，这些牛常需从农场或农户选购至育肥场进行肥育。架子牛的快速育肥是指犊牛断奶后，在较粗放的饲养条件下饲养到一定的年龄阶段，然后采用强度育肥方式，集中育肥 3～6 个月，充分利用牛的补偿生长能力，达到理想体重和膘情时屠宰。架子牛肥育是目前我国肉牛育肥的主要方式。

架子牛肥育前的状况与肥育速度和牛肉品质关系很大，是确保肥育效率的首要环节。因此，在选择架子牛时要考虑品种、年龄、体重、性别、体质外貌、健康状况及市场价格等因素。

（1）品种　首先要选良种肉牛或肉、乳兼用牛及其与本地牛的杂种，其次选荷斯坦公牛及其与本地牛的杂交后代，或秦川牛、南阳牛、鲁西牛、晋南牛等地方良种黄牛。这类牛增重快、瘦肉多、脂肪少、饲料转化率高。

（2）年龄和体重　牛的增重速度、胴体质量、饲料报酬均与牛的年龄密切相关。架子牛的年龄最好是 1.5～2 岁或 15～21 月龄。一般认为，架子牛在同一年龄阶段，体重越大，体况越好，育肥时间就越短，育肥效果也好。一般杂种牛在一定的年龄阶段其体重范围大致为：6 月龄体重为 120～180 千克，12 月龄体重为 180～250 千克，18 月龄体重为 220～310 千克，24 月龄体重为 280～380 千克。

（3）性别　选择性别顺序依次为公牛、阉牛、母牛。公牛有较多的瘦肉和较大的眼肌面积，而阉牛和母牛脂肪较多。但不宜选购年龄过大（超过 2 岁）的架子公牛。

（4）体型外貌　育肥牛选择要以骨架选择为重点，而不过于强调其膘情的好坏。具体要求：嘴阔、唇厚，上、下唇对齐，坚强有力，采食能力强；体高身长，胸宽而深，尻部方正，背腰宽广，两腿间距大，十字部略高于体高，载肉面积大；皮肤松弛柔软，皮毛柔软密实，牛生长潜力大；四肢粗壮，蹄大有力，性情温顺；身体健康，身体虽有一定缺陷，但不影响其采食，消化正常，也可用于肥育生产。相反，发育虽好，但性情暴躁、富有神经质的牛，饲料利用率低，不宜入选。

（5）健康状况　架子牛的健康状况要从以下几个方面加以注意。

一看精神状态：牛精神不振，两眼无神，眼角分泌物多，胆小易惊，鼻镜干燥，行动倦怠，这种牛很可能健康状况不佳。

二看发育情况：若牛被毛粗乱，体躯短小，浅胸窄背、尖尾，表现出严重饥饿，营养不良，说明早期可能生过病或有慢性病，生长发育受阻，不宜选购。

三看肢蹄：看牛站立和走路的姿势，检查蹄底。若出现肢蹄疼痛，肢端怕着地，抬腿困难，前肢、后肢表现明显的 X 形或 O 形，或蹄匣不完整，要谨慎选购，当拴系饲养、地面较硬时，该病可导致牛中途淘汰。

四看有无其他疾病：观察牛的采食、排便、反刍等。初步确立是否患有消化道疾病等。

（6）市场调查　了解市场牛源、品种、价格和疫区情况，选择合适的地点，即牛的价格要合理。为了保证架子牛采购工作的顺利进行，育肥场应安排专人负责这项工作。

124. 怎样进行架子牛的阶段饲养？

架子牛在应激时期结束后，应进入快速育肥阶段，并采用阶段饲养。如架子牛快速肥育需要 120 天左右，可以分为 3 个育肥阶段：过渡驱虫期（约 15 天）、第 16～60 天和第 61～120 天。

（1）过渡驱虫期　此期约 15 天。对刚从草原买进的架子牛，一定要驱虫，包括驱除内外寄生虫。实施过渡阶段饲养，即首先让刚进场的牛自由采食粗饲料。粗饲料不要铡得太短，长度约 5 厘米。上槽后仍以粗饲料为主，可铡成 1 厘米长左右。每天每头牛控制喂 0.5 千克精料，与粗饲料拌匀后饲喂。精料量逐渐增加到 2 千克，尽快完成过渡期。

（2）第 16～60 天　这时架子牛的干物质采食量要逐步达到

8 千克，日粮粗蛋白质水平为 11％，精粗比为 6∶4（按干物质重量比较），日增重 1.3 千克左右。精料参考配方为：70％玉米粉、20％棉仁饼、10％麸皮。每头牛每天补充 20 克食盐和 50 克添加剂。

（3）第 61～120 天　此期干物质采食量达到 10 千克，日粮粗蛋白质水平为 10％，精粗比为 7∶3（按干物质重量比较），日增重 1.5 千克左右。精料参考配方为：85％玉米粉、10％棉仁饼、5％麸皮。每头牛每天补充 30 克食盐和 50 克添加剂。

125. 架子牛管理要点有哪些?

①合理分群：育肥前应根据育肥牛的品种、体重大小、性别、年龄、体质强弱及膘情情况合理分群。采用圈群散养时，一群牛头数 15～20 头为宜。

②及时编号：架子牛购进场后应立即编号，编号方法多采用耳标法。

③定期称重：肥育期最好每月称重 1 次，以便了解牛群的增重情况，随时淘汰处理病牛等不增重或增重慢的牛。

④限制运动：育肥架子牛可采用短缰拴系，限制活动。

⑤刷拭牛体：每天刷拭 2 次，有利于皮肤健康，促进血液循环，以改善肉质。

⑥定期驱虫：寄生虫病的发生具有地方性、季节性流行特征，且具有自然疫源性，因此，加强预防尤为重要。

⑦加强防疫、消毒工作：每年春、秋季检疫后对牛舍内外及用具进行消毒；每出栏一批牛，都要对牛舍进行 1 次彻底清扫消毒；严格防疫卫生管理，谢绝参观；结合当地疫病流行情况，进行免疫接种。

⑧经常观察反刍情况、粪便、精神状态，如有异常应及时处理。

⑨及时出栏：达到市场要求体重则出栏，一般活牛出栏体重

为 450 千克，高档牛肉则为 550～650 千克。在管理中，不要等到一大批牛全部育肥达标时再出栏，可将达标牛分批出栏，以加快牛群的周转，降低饲养成本。

126. 成年淘汰牛肥育技术要点有哪些？

用于肥育的成年牛往往是役牛、奶牛和肉用母牛群中的淘汰牛。这类牛一般年龄较大、产肉率低、肉质差，经过肥育，增加肌肉纤维间的脂肪沉积，以改善肉的味道和嫩度。

①健康检查：肥育前要进行全面检查，将患消化道疾病、传染病及过老、无齿、采食困难的牛只剔除。

②驱虫：老年牛的体内外寄生虫较多，在育肥前，要有针对性地进行驱虫。

③健胃：经过驱虫，对食欲不旺、消化不良的牛，需投服健胃药，以增进食欲，促进消化。

④育肥期限：成年牛育肥期限以 60～90 天为宜。最好进行舍饲强度育肥。

⑤饲料选择：成年牛主要是增加体内脂肪的沉积，日粮以能量饲料为主，其他营养物质只要满足基本生命活动的需要即可。

⑥饲养技术：对膘情较差的牛，可先用增重较低的营养物质饲喂，使其适应肥育日粮，经过 1 个月的复膘后再提高日粮营养水平，这样可避免发生消化道疾病。附近有草坡、草场或野地的，在青草期可先将瘦牛放牧饲养，利用青草使牛复壮，然后再进行肥育，这样可节省饲料、降低成本。

127. 什么是高档牛肉？生产高档牛肉对肥育牛有何要求？

高档牛肉是指对肥育达标的优质肉牛，经特定的屠宰和嫩化处理及部位分割加工后，生产出的特定优质部位牛肉，如牛柳、西冷和肉眼。生产高档牛肉，对肥育牛的要求非常严格。

（1）品种　生产高档牛肉最好的牛源是安格斯、利木辛、夏洛来、皮埃蒙特等引入的国外专门化肉用品种与本地黄牛的杂交后代。如果用我国地方良种做母本，牛肉品质和经济效益更好。秦川牛、南阳牛、鲁西牛、晋南牛也可作为生产高档牛肉的牛源。

（2）年龄与性别　生产高档牛肉最佳的开始肥育年龄为12～16月龄，终止育肥年龄为24～27月龄，超过30月龄以上的肉牛，一般生产不出最高档的牛肉。性别以阉牛最好，阉牛虽然不如公牛生长快，但其脂肪含量高，胴体等级高于公牛，而又比母牛生长快。其他方面的要求以达到一般肥育肉牛的最高标准即可。

128. 高档牛肉饲养管理要求有哪些？

优质肉牛对饲养管理的要求也较高。不同牛种对饲养的要求也不相同，杂种牛生长快，营养要求高；地方良种黄牛长速较慢，1岁左右的架子牛阶段可多用青贮、干草和切碎的秸秆，当体重达300千克以上时逐渐加大混合精料的比例。最后2个月要调整日粮，不喂含各种能加重脂肪组织颜色的草料，如大豆饼粕、黄玉米、南瓜、胡萝卜、青草等；多喂能使脂肪白而坚硬的饲料，如麦类、麸皮、米糠、马铃薯和淀粉渣等，粗料最好用含叶绿素、叶黄素较少的饲草，如玉米秸、谷草、干草等；并提高营养水平，增加饲喂次数，使日增重达到1.3千克以上。具体营养需要按饲养标准确定，所用饲料必须优质，不能潮湿发霉，也不允许虫蛀鼠咬。籽实类精料不能粉碎过细，青干草、青贮饲料必须正确调制，秸秆类必须氨化、揉碎。

五、牛的繁殖与改良

129. 发情母牛有何外在表现？

母牛发情时，表现为精神兴奋不安、哞叫、食欲减退、爬跨或接受其他母牛的爬跨，泌乳量下降，并作弯腰弓背姿势，频频排尿，外阴充血肿胀。以上表现随发情进展，由弱到强。待发情近结束时，又逐渐减轻并恢复正常。发情初期从阴门流出的黏液量少而稀薄；盛期黏液量多而浓稠，流出体外呈纤缕状或玻璃棒状；发情后期黏液量减少，黏液混浊而且浓稠，最后变为乳白色，似浓炼乳状，常黏于阴唇、尾根和臀部并形成结痂。母牛发情时，最明显的特征是爬跨行为，发情初期，发情母牛追逐或爬跨其他母牛，但发情母牛不愿接受其他母牛的爬跨；发情盛期，发情母牛则接受其他母牛的爬跨，表现站立不动，举尾、后肢叉开，由于公牛或其他母牛多次爬跨，往往在发情母牛背腰和尾部留有泥垢，被毛蓬乱；在发情末期，虽有公牛和母牛尾随，但发情母牛不再接受爬跨，并逐渐变得安静。通过外观初步确认发情者，再用其他方法做进一步检查，最终判定发情与否及发情阶段，确定最佳的输精时间。

130. 母牛有哪些发情特点？

了解母牛发情特点，有助于发情鉴定，从而及时配种。母牛发情特点有：发情的持续时间短；在发情结束后排卵，多数母牛在发情结束后的 8～12 小时排卵；子宫颈开张程度小。母牛的子宫颈肌肉层特别发达，加之子宫颈管道窄细而弯曲，并有 2～3 个环状皱褶。在发情中期子宫开张程度也只有 3～5 厘米；生殖道排出大量的黏液，发情母牛由生殖道排出的黏液量多、透明、黏性强；发情后出现排血现象，以青年母牛较多。据统计，受胎率为 72%，未出血的仅为 53%；安静发情率高，在生产中常常造成漏配，应注意观察；爬跨行为，母牛发情后最特有的征状是接受其他牛的爬跨而不躲避。

131. 可采用哪些方法进行母牛发情鉴定？

（1）外部观察法　发情母牛精神状态兴奋不安，食欲减退，外生殖器官肿胀，有黏液流出，有爬跨行为。检查者在早上

（4～6 时）、中午（10～12 时）、晚上（19～21 时）分别观察牛只在舍内、运动场表现，并认真记录。

（2）试情法　利用输精管结扎的公牛或阴茎改道或切除阴茎的公牛试情，可观察到公牛紧随发情母牛，效果较好。

（3）阴道检查法　母牛发情时阴道黏膜充血肿胀、红润，并且有黏液积存在阴道中，子宫颈口充血松弛、开张，外口有多量黏液附着是发情最旺盛时期，用拇指和食指捏取阴道黏液，拉缩7～8 次不断。

（4）直肠检查法　直肠检查法是术者将手伸进母牛的直肠内，隔着直肠壁触摸检查卵巢上卵泡发育的情况，是目前判断母牛发情比较准确而最常用的方法。

132. 牛的配种方法有哪些？

牛配种方法有自然交配和人工输精两种。

（1）自然交配　这是让公牛与母牛直接交配的方法。在20～40 头母牛群中放入一头种公牛，任其自然交配。这种方式常用于粗放管理的草原或山区，是最省人力的一种方式。

（2）人工授精　这是由人工方法采取公牛精液，稀释后按一定剂量给母牛授精的方法。这种方法大大地提高了种公牛的利用率和母牛受胎率。

133. 发情母牛适宜配种时间怎么确定？

不同个体母牛的发情持续期不同。俗话说"老配早，少配晚，不老不少配中间"。

母牛排卵一般在发情结束后8～12 小时。卵子排出以后在输卵管内保持受精能力的时间为8～12 小时。所以，输精时间安排在排卵前6～8 小时，受胎率最高。在生产实践中，都是早晨发情（接受爬跨）傍晚输精；下午发情第二天上午输精。在一个发情期内输精2 次，受胎率有所提高，但是为了节省精液和时间，以 1 次输精为宜。进行 2 次输精时，可在发现发情时输精 1 次，间隔 10～12 小时再输精 1 次。

134. 如何规范地进行牛的人工授精操作？

将准备输精的母牛牵入输精架内保定，并把尾巴拉向一侧，将外阴部充分展露。用温清水洗净母牛外阴部，再用 1％新洁尔灭或 0.1％高锰酸钾溶液进行消毒，然后用消毒毛巾（或纱布）由里向外擦干。输精人员应穿好工作服，并将指甲剪短磨光，手臂清洗后用 75％酒精或 2％来苏儿消毒，带上长臂乳胶手套，涂上润滑剂。在手臂上擦一些肥皂，然后手握成楔形，插入肛门，将直肠内的粪便掏尽。排粪后再将外阴部擦净，右手将阴门撑开，左手将吸有精液的输精器，从阴门先倾斜向上插入阴道 5～10 厘米，再向前水平插入抵子宫颈外口，右手从肛门插入直肠，隔着直肠壁寻找子宫颈，将子宫颈半握在手中并注意握住子宫颈后端，不要把握过前，以免造成子宫颈口角度下垂，导致输精器不易插入。正确操作时，两手协同配合，就能顺利地将输精器插入子宫颈内 5～8 厘米，随即注入精液，如果在注入精液时感到有阻力，可将输精器稍退后，即可输出，然后退出输精器。输精完毕，稍按压母牛腰部，防止精液倒流。在使用直肠把握输精法时必须要掌握的技术要领：适深、慢插、轻注、缓出，防止精液倒流。

135. 怎样可早期诊断出母牛是否妊娠？

早期妊娠诊断是指配种后 20～30 天进行妊娠检查。它对减少空怀、做好保胎、提高繁殖率具有十分重要的意义，早期妊娠诊断常用的方法有以下几种：

（1）外部观察法　母牛配种后，如已妊娠，表现不再发情，行动谨慎，食欲增加，被毛光亮，膘情逐渐转好。

（2）阴道检查法　母牛配种后 30 天检查已妊娠的母牛，用开膣器插入阴道时阻力明显；打开阴道可见阴道黏膜干燥、苍白无光泽，子宫颈口偏向一侧，呈闭锁状态，有子宫颈塞。

（3）直肠检查法　是隔着直肠壁触诊子宫、卵巢及其黄体变化，以及有无胚泡（妊娠早期）或胎儿的存在等情况来判定是否妊娠，这是早期妊娠检查最为准确可靠的方法，被广泛用于生产实践中。

（4）激素诊断法　母牛配种 20 天，用己烯雌酚 10 毫克，一次肌内注射。已妊娠的母牛，无发情表现；未妊娠的母牛，第二天表现明显的发情。用此法进行早期妊娠检查的准确性达 90％以上。

（5）巩膜血管诊断法　母牛配种后 20 天，在眼球瞳孔正上方巩膜表面，有明显纵向血管 1～2 条，细而清晰，呈直线状态，少数中有分支或弯曲，颜色鲜红，则可判断为妊娠，其准确率在90％以上。

136. 怎样推算母牛的预产期?

从母牛配种受胎至胎儿产出的这段时间称为妊娠期。妊娠期的长短受品种、年龄、季节、饲养管理和胎儿性别等因素的影响。早熟品种比晚熟品种的妊娠期短；乳牛比肉牛、役牛短；青年母牛比成年母牛约短 1 天；冬、春季分娩的母牛比夏、秋季分娩的长 2～3 天；饲养管理条件差的母牛比饲养管理条件优越的母牛妊娠期长，怀母犊比怀公犊的妊娠期短 1 天；怀双胎比怀单胎短 3～6 天。黄牛、奶牛的平均妊娠期为 280 天（276～290 天）。

为了做好分娩前的准备工作，必须较准确地计算出母牛的预产期。最简单的方法是：黄牛将配种月减 3，配种日加 6。在利用公式推算时，若配种月份在 1 月、2 月、3 月这 3 个月，需借一年（加 12 个月）再减。若配种日期加 6 的天数超过 1 个月，则减去本月天数，余数移到下月计算。

如一头黄牛在 2014 年 8 月 5 日配种，预产期为 2015 年 5 月（8－3）11 日（5＋6）。再例如一头黄牛在 2015 年 1 月 28 日配种，月份不够减，需借一年，预产期为 2015 年 10 月（1＋12－3）34 日（28＋6），日期超过了 1 个月，则减去 10 月的 31 天，即为 11 月 3 日，所以预产期为 2015 年 11 月 3 日。

137. 母牛有哪些预产征兆？

随着胎儿的逐步发育成熟，母牛的身体和行为在临产前发生一系列的变化，根据这些变化，可以估计分娩时间，以便做好接产工作。

（1）乳房膨大　产前半个月左右，乳房开始膨大，到产前 2～3 天，乳房明显膨大，可从前两个乳头挤出淡黄色黏稠的液体，当能挤出乳白色的初乳时，分娩可在 1～2 天内发生。

（2）外阴部肿胀　约在分娩前 1 周开始，阴唇逐渐肿胀、柔软、皱褶展平。由于封闭子宫颈口的黏液溶化，在分娩前 1～2 天呈透明的索状物从阴道流出，垂于阴门外。

（3）骨盆韧带松弛　临产前几天，由于骨盆腔内血管的血流量增多，毛细血管壁扩张，部分血浆渗出血管壁，浸润周围组织，因此骨盆部韧带软化，臀部有塌陷现象。在分娩前 1～2 天，骨盆韧带已完全软化，尾根两侧肌肉明显塌陷，使骨盆腔在分娩时增大。

（4）行为变化　临产前子宫颈开始扩张，腹部发生阵痛，引起母牛行为发生改变。当母牛表现不安，时起时卧，频频排尿，头向腹部回顾，表明母牛即将分娩。

138. 母牛难产时怎么助产？

若母牛阵缩、努责微弱，应进行助产，用消毒过的助产绳缚住胎儿两腿系部（牛蹄部最细处），并用手指擒住胎儿下颌，随着母牛阵缩和努责时一起用力拉，当胎儿头部经过阴门时，一人用双手捂住阴唇及会阴部，避免撑破。胎儿头部拉出后，再拉的动作要缓慢，以免发生子宫翻转脱出。当胎儿腹部通过阴门时，将手伸到胎儿腹下，握住脐带根部和胎儿一起向外拉，可防止脐血管断在脐孔内。当胎儿臀部通过阴门时，切忌快拉，以免发生子宫脱。如破水过早，产道干滞，可注入液体石蜡进行润滑。

139. 如何护理产后母牛？

母牛产后十分疲劳，身体虚弱，异常口渴，除让其得到很好的休息外，可喂给温热麸皮盐水汤（麸皮1.5~2千克，盐100~150克，用温热水调成），可补充母牛分娩时体内水分的损耗，帮助维持体内酸碱平衡，增加腹压和帮助恢复体力，冬天还可暖腹、充饥。注意选择易于消化又富于营养的草料饲喂产后母牛，每次喂量不宜太多，以免引起消化障碍，经5~6天可恢复到正常饲养水平。牛的胎衣排出后，及时检查是否完整，如不完整，说明母体子宫有残留胎衣，要及时处理。胎衣排出后，应立即取走，以免母牛吞食后引起消化紊乱。产后数小时，要观察母牛有无强烈努责。强烈努责可引起子宫脱出，要注意防治。同时将污草清除，换上干净垫草，让母牛休息。

产后母牛还要排出恶露，这是正常的生理现象，观察恶露排出的情况可帮助了解子宫恢复的程度，产后第1天排出的恶露呈血样，以后逐渐变成淡黄色，最后变成无色透明黏液，直至停止排出。母牛恶露一般在产后15~17天排完。如果产后10天内未见恶露流出或发生乳房炎，表明恶露滞留在子宫中，并可能发生子宫内膜炎。若恶露呈灰褐色，气味恶臭，排出的天数拖延至21天以上，就应进行直肠检查或阴道检查，便于尽早治疗。

140. 如何护理产后犊牛？

①确保犊牛呼吸顺畅：新生犊牛应立即清除其口腔和鼻孔内

的黏液，以免妨碍犊牛的正常呼吸和将黏液吸入气管及肺内。

②断脐：犊牛的脐带多可自然扯断，当清除犊牛口腔和鼻孔内的黏液后，脐带尚未自然扯断的，应进行人工断脐。在距离犊牛腹部 8～10 厘米处，用已消毒的剪刀将脐带剪断，挤出脐带中黏液，并用 7％（不得低于 7％，避免引发犊牛支原体病）的碘酊对脐带及其周围进行消毒，30 分钟后可再次消毒，避免犊牛发生脐带炎。正常情况下，经过 15 天左右的时间，残留的脐带干缩脱落。

③擦干被毛及剥离软蹄。

④隔离：犊牛出生后，应尽快将犊牛与母牛隔离，将新生犊牛放养在干燥、避风的单独犊牛笼内饲养，使其不再与母牛同圈，以免母牛认犊之后不利于挤奶。

⑤饲喂初乳：初乳对新生犊牛具有特殊意义，犊牛在生后及时吃到初乳，可获得被动免疫，减少患病的概率。

六、牛场卫生保健与疫病防治

141. 牛舍常用的消毒方法有哪些？

牛舍可用次氯酸盐、过氧乙酸、新洁尔灭溶液等喷雾消毒；用一定浓度的新洁尔灭、有机碘混合物的水溶液对手、工作服或胶靴浸润消毒。对人员入口处设紫外线灯照射杀菌；在牛舍周围、入口、产床和牛床下面撒生石灰或用氢氧化钠溶液喷洒消毒；用酒精、汽油、柴油和液化气喷灯，在牛栏、牛床等地方用火焰瞬间喷射消毒；将适量的福尔马林、高锰酸钾放置在牛舍中，封闭熏蒸 24 小时。

142. 怎样做好外来人员、车辆入场消毒？

在场门、生产区入口处设消毒池，消毒池内的药液可用 2％

的氢氧化钠溶液，药液要经常更换，车辆、人员须从消毒池经过。从外面进入牛场内的人员需经紫外线消毒 15 分钟。杜绝带病原的人员或被污染的饲料、车辆等进入生产区。

143. 如何对牛舍周围环境、工作人员、用具进行消毒？

牛舍周围环境每 2～3 周用 2%氢氧化钠溶液消毒或撒生石灰消毒 1 次；场周围及场内污水池、排粪坑、下水道出口，每月用次氯酸钠消毒 1 次。在牛场、牛舍入口设消毒池，使用 2%氢氧化钠或煤酚皂溶液。工作人员进入生产区应更衣，并进行手臂消毒和紫外线消毒 3～5 分钟。外来人员必须进入生产区时，应更换场区工作服和工作鞋，经紫外线消毒。

用 0.1%的新洁尔灭溶液或 0.2%～0.5%的过氧乙酸溶液对饲喂用具、料槽、饲料车等定期消毒；兽医用具、助产用具、配种用具等在使用前后均应进行彻底清洗和消毒。

144. 怎样对牛舍进行日常消毒、定期预防消毒及牛体消毒？

牛舍内要整洁、通风良好。每月消毒 1 次，每年春、秋两季各进行 1 次大的消毒。常用消毒药物为：10%～20%的生石灰乳、2%～5%的氢氧化钠溶液、0.5%～1%的过氧乙酸溶液、3%的甲醛溶液或 1%的高锰酸钾溶液。每年进行 2～4 次结核病定期预防消毒，常用消毒药为 5%的来苏儿、10%次氯酸钠、3%甲醛溶液。定期进行带牛环境消毒，可用于带牛消毒的药物有：0.1%新洁尔灭、0.3%过氧乙酸、0.1%次氯酸钠。进行助产、配种、注射等接触操作前，应先对有关部位进行消毒。

145. 为什么要进行防疫注射？

防疫注射是在疫病未发生之前，对健康肉牛以预防发病为目的而进行的疫苗（菌苗）注射。定期进行预防注射可有效地防止牛患传染病。饲养场应根据《中华人民共和国动物防疫法》及其配套法规的要求，结合当地实际情况，有选择地进行疫病的预防接种工作，并注意选择适宜的疫苗和免疫方法。

146. 牛常用疫苗及使用方法有哪些?

牛常用疫苗主要包括：炭疽菌苗、牛气肿疽疫苗、牛巴氏杆菌病（牛出血性败血症）疫苗、牛沙门氏菌病灭活疫苗、口蹄疫疫苗、布鲁氏菌病疫苗、狂犬病弱毒冻干苗、牛副结核病灭活疫苗、破伤风疫苗、牛传染性胸膜肺炎疫苗。

①炭疽菌苗有 3 种，使用时，任选 1 种。无毒炭疽芽孢苗 1 岁以下的牛在颈部皮下注射 0.5 毫升，1 岁以上的注射 1 毫升。第二号炭疽芽孢苗，用法和用量：所有牛一律皮下注射 1 毫升。炭疽芽孢氢氧化铝佐剂苗或称浓缩芽孢苗，为前 2 种芽孢苗的 10 倍浓缩制品，使用时以 1 份浓缩苗加 9 份 20% 氢氧化铝胶稀释后，按无毒炭疽芽孢苗或第二号炭疽芽孢苗的用法、用量使用。

②牛气肿疽主动免疫的疫苗有氢氧化铝甲醛疫苗和明矾甲醛疫苗 2 种。用法均为每头牛颈部或肩胛后缘皮下注射 5 毫升。

③牛多杀性巴氏杆菌灭活疫苗用法用量：皮下或肌内注射，体重 100 千克以下的牛注射 4 毫升，100 千克以上的牛注射 6 毫升。

④牛沙门氏菌病灭活疫苗用法用量：肌内注射，1 岁以下牛 1 毫升，1 岁以上 2 毫升。对已发生沙门氏菌病的牛群，犊牛应在 2~10 日龄接种 1 次，30~45 日龄增强免疫 1 次，剂量均为 1 毫升。妊娠牛产前 45~60 天注射。

⑤口蹄疫 O 型灭活疫苗用法用量：肌内注射，成年牛 3 毫升，1 岁以下犊牛 2 毫升，免疫期为 6 个月。口蹄疫弱毒疫苗用法用量：肌内注射或皮下注射，1 岁以下牛不用注射，1~2 岁牛每头份 1 毫升，2 岁以上牛每头份 2 毫升，免疫期 6 个月。

⑥布鲁氏菌羊型 5 号冻干弱毒菌苗用法用量：用于 3～8 月龄的犊牛，可皮下注射（用菌 500 亿/头），也可气雾吸入（室内气雾时用菌 250 亿/头，室外用菌 400 亿/头），免疫期 1 年。布鲁氏菌猪型 2 号冻干弱毒菌苗用法和用量：本品公、母牛均可用，妊娠牛不宜注射，可皮下注射、气雾吸入和口服接种，皮下注射和口服接种时用菌数为 500 亿/头，室内气雾吸入为 250 亿/头，免疫期 2 年以上，因此每隔 1 年免疫 1 次，达到国家规定的"消灭区"指标时停止免疫接种。

⑦狂犬病弱毒冻干苗用法和用量：用生理盐水或灭菌蒸馏水稀释，摇匀后于臀部或后腿肌内注射，每头 3 毫升，免疫期 1 年。

⑧牛副结核病灭活疫苗用法用量：犊牛在出生后 7 天内，胸垂皮下注射，1 毫升/头。

⑨破伤风多发生地区，应每年定期接种精制破伤风类毒素 1 次，颈部或肩胛后皮下注射，成年牛 1 毫升，犊牛 0.5 毫升，接种后 1 个月产生免疫力，免疫期 1 年。创伤或手术（特别是去势术）有感染危险时，可临时再接种 1 次。

⑩牛传染性胸膜肺炎疫苗用法用量：按瓶签标明，用 20%氢氧化铝胶生理盐水稀释 50 倍，臀部肌内注射，成年牛 2 毫升，6～12 月龄犊牛 1 毫升，免疫期 1 年。

147. 怎样防治牛结核病?

本病是由结核分枝杆菌引起的一种人畜共患传染病，其特征是在被侵害的器官和组织中形成结核结节。牛多发生肺结核，乳房、肠结核等少见。

肺结核：病牛进行性消瘦，被毛粗乱无光泽。病初有短促干咳，逐渐变为湿性咳嗽，特别是在早晨、运动和饮水后咳嗽剧烈而频繁。咳出的分泌物为黏性、脓性，呈灰黄色，有时流出淡黄色黏液脓性鼻液。严重时呼吸困难，仰头伸颈，呼吸似"拉风箱"

声。听诊肺区有啰音。发生胸膜结核时，可听到胸膜摩擦音。

乳房结核：乳房上淋巴结肿大，乳房有局限性或弥漫性硬结，表面凹凸不平，两侧乳房不对称。泌乳量逐渐减少，乳汁稀薄或含有凝乳块。

肠结核：病牛表现顽固性腹泻，粪便呈粥状，内混有黏液和脓汁；前胃弛缓或瘤胃臌气，营养不良，逐渐消瘦，肋骨外露。

根据有关规定，对患结核病的牛一般不予以治疗，一旦发现病牛应坚决淘汰，并按照兽医卫生法规进行无害化处理。

预防措施：加强牛场卫生防疫制度，保持饲料、饮水、用具和环境卫生，消灭蚊蝇；引进牛或调拨牛群时，应进行严格检疫，并隔离观察1～2个月，确认无病后方入原群；每年对牛群进行1～2次结核病检疫；每年春、秋两季对牛场进行全面消毒。

148. 怎样防制布鲁氏菌病？

本病是由流产布鲁氏菌引起的一种人畜共患的慢性传染病。其主要症状是妊娠母牛流产。流产后胎衣常滞留不下或继发子宫内膜炎，经久不愈。病牛流产后从阴道排出污秽的灰色或棕红色液体。有的病牛发生关节炎，引起跛行。公牛患病时，常因睾丸炎和附睾炎而失去配种能力。

本病没有治疗意义，一旦发现病牛，应立即按兽医防疫法规对病牛进行无害化处理，并上报有关部门，采取严格的防疫措施，直至疫情解除为止。

对本病关键是搞好预防。对牛群定期检疫，防止病菌侵入；平时加强饲养管理，促进牛群健康；搞好卫生消毒工作；对引进的牛，应进行严格检疫，并隔离观察1～2个月，确认无病后方可进入原牛群。

149. 怎样预防口蹄疫？

口蹄疫俗称"口疮"或"蹄癀"，其特征是口腔黏膜、蹄部和乳房皮肤发生水疱和烂斑。病牛体温升高至 40～41℃，精神不振，上下唇、舌面、齿龈、蹄部等处出现大小不等的水疱，水疱破裂后形成烂斑，严重时引起溃烂部位化脓、坏死；大量流涎，呈白色泡沫状；跛行，不愿走动，喜卧；水疱破溃后，常继发细菌感染，引起蹄壳深部组织化脓、坏死，甚至蹄壳脱落。

一旦发现疫情，应立即向上级有关部门报告疫情。划定疫区，进行封锁；对用具、污染的地面用 2% 的氢氧化钠溶液进行消毒。对疫区及受威胁地区的易感动物进行紧急预防接种。对病死牛应焚烧或深埋处理。

对常发病地区定期注射疫苗，对牛舍、场地、工具用 3%～5% 的氢氧化钠溶液定期消毒，粪便密封发酵处理。

150. 怎样防治前胃弛缓?

长期饲喂劣质、粗、硬的饲料，精料过多，突然换料，天气突变及糟渣类饲料用量过大等均会引起前胃弛缓；也可因瘤胃膨胀积食、传染病、寄生虫病等继发。

急性病例初期食欲下降，反刍缓慢或停止，只吃干草而不吃精料，厌食酸性饲料。病情加重时，精神沉郁、反刍停止、食欲废绝、暖气有臭味、目光呆滞、鼻镜干燥、步态缓慢。瘤胃蠕动音减弱或消失，肠音减弱，粪便干硬，深褐色、便秘。触诊瘤胃内容物松软，多呈面团样。慢性病例食欲时好时坏，有时呈现异嗜现象。病牛日见消瘦，皮毛蓬乱、无光泽，精神沉郁。

治疗方法：为防止酸中毒可静脉注射 3%～5% 碳酸氢钠溶液 300～500 毫升，为兴奋瘤胃可灌服碳酸氢钠、酒精、毛果芸香碱等。可将人工盐 250～300 克与碳酸氢钠粉 100 克加水混合一次灌服；也可将 10% 葡萄糖酸钙溶液、25% 葡萄糖溶液、5% 碳酸氢钠溶液各 500 毫升与 5% 葡萄糖生理盐水 1 000 毫升混合，静脉注射。

151. 怎样防治瘤胃胀气？

牛采食到过量易发酵的饲草饲料，如青草、甘薯块、青苜、精料等；或误食有毒饲草，如毒芹、毛茛等；或采食大量的发霉变质饲料等，均极易造成瘤胃内容物在短时间内急剧发酵，产生大量气体。此外，食道梗阻、瘤胃积食、创伤性网胃炎等疾病，也可使诱发本病。病牛时而躺下时而站起，一会儿踢腹，一会儿打滚。嘴边黏附许多泡沫，可视黏膜发绀，食欲废绝，呼吸极度困难。

治疗方法：病情较轻时，可采用木棍消气法，即取一根30厘米长、2.5厘米粗的光滑木棍横插在牛的口腔内，将木棍的两端露出口角的部分，用细绳拴于牛角上，再在口腔中的木棍上涂抹食盐，通过牛的舔食动作，将胃内气体逐渐排出。用食醋500～1 000毫升，加植物油500～1 000毫升，一次灌服；灌服泻剂，硫酸镁500～1 000克、液体石蜡油1 000～1 500毫升、松节油30～40毫升，加水适量，一次灌服；或用生石灰500克，加水3～4升，充分搅拌沉淀后，将上清液给病牛灌服。病情严重时，需行瘤胃穿刺术立即排气减压，切忌放气过速。当排气受阻时，即可进一步确诊为泡沫性鼓胀病，需灌服消泡剂如聚合甲基硅油30～60片。

预防措施：避免突然到豆科草地放牧；禁止毒芹、毛茛等混入饲草；发病后要立即停喂豆饼类饲料；加强运动，不能饲喂过多精料；更换多汁饲料时一定要逐渐更换。

152. 怎样防治瘤胃积食？

本病主要是因饲喂过量的优质饲料，适口性好的青草、胡萝卜、马铃薯等；突然变更饲料，牛偷吃大量豆饼、玉米等精料，而饮水又不足引起。牛分娩后，采食胎衣，也可造成积食；以及采食塑料薄膜或长绳、聚丙烯包装等也可引起积食。

病牛食欲、反刍下降或废绝，瘤胃蠕动停止，病牛不爱活动，鼻镜干燥、流涎、咬牙、努责、恶臭的嗳气，偶见呕吐。腹围膨大，特别是左腹部膨大，能触到较硬的内容物。弓腰努背，呻吟，回顾后躯，不断地踢腹，不断地起卧。排粪量显著减少，粪便坚硬。

治疗方法：口服硫酸镁或硫酸钠 0.5～0.8 千克或植物油 500～1 000 毫升，温水灌服。随后灌服大量饮水，再用健胃剂如马钱子酊 10～30 毫升，加水灌服。大蒜酊 40～80 毫升内服，或鱼石脂 0.015～0.03 千克，酒精 50～100 毫升，溶解，加水，1 次灌服用于防腐制酵。静脉注射 40%～50%葡萄糖溶液 250 毫升，10%氯化钠溶液 250 毫升。每日 2 次灌服健康牛的瘤胃液 4～6 升。也可采用洗胃疗法，用 4%的碳酸氢钠溶液将内容物洗出，同时静脉注射 10%的氯化钠 500 毫升、20%的安钠咖 10 毫升。在药物治疗效果不佳时，可采用瘤胃切开术，取出内容物。

预防措施：加强饲养管理，不能突然变换饲料；合理供应日粮；合理搭配精、粗、矿物质及维生素；保证供给优质充足的干草。

153. 怎样防治奶牛酮病？

酮病又称酮尿病，是因饲喂含蛋白、脂肪丰富的精料过多，而糖和粗饲料、多汁饲料饲喂不足；运动不足，或突然剧烈运动，前胃弛缓等而引起。另外，肝脏疾病、维生素缺乏、消化紊乱以及大量泌乳等为本病的诱因。

主要症状表现有两种：①消化不良型：发病初期，食欲不振，拒食精料，对青草、干草有一定的食欲。反刍减少，瘤胃蠕动音减弱或稀少，粪便量少而恶臭。母牛产奶量下降，乳汁易形成泡沫，有酮体气味（烂苹果样气味）。②神经型：初期病牛兴奋不安，听觉过敏，眼神狞恶或眼球震颤，咬肌痉挛，而不断虚嚼和流涎。皮肤敏感性增高，有时横冲直撞，狂暴不安。兴奋症状维持 1～2 天，即转为抑制状态。发病后期病牛常出现昏迷状态。

治疗方法：静脉注射 25％葡萄糖液 500～1 000 毫升，2 次/天，也可腹腔注射；或 50％果糖溶液，每千克体重 0.5 克，1 次/天。同时内服丙二醇 100～120 毫升/天，连用 3 天；内服或拌料丙酸钠 250～500 克/天，连用 7～10 天；或内服甘油（丙三醇）240 毫升/天。对体质较好的牛，肌内注射醋酸可的松 1～1.5 克，或氢化可的松 0.5 克加入糖盐水中静脉注射，1 次/天。静脉注射 5％碳酸氢钠液 300～500 毫升，1～2 次/天；或内服碳酸氢钠 50～100 克，1 次/天，解除酸中毒。内服健康牛新鲜胃液 3 000～5 000 毫升，2～3 次/天；或内服脱脂乳 2 000 毫升、葡萄糖 500～1 000 克（加水），1 次/天，连用 3 天。产前 3 个月至产后应给予足够的糖类饲料，以适量干草替代青贮，改善环境，适当运动，多晒太阳。注意及时治疗前胃疾病、子宫疾病等能有效预防本病的发生。

154. 怎样防治尿素及非蛋白氮中毒?

本病是因尿素及非蛋白氮化合物添加剂用量过大或饲喂方法不当或在喷洒尿素草场放牧等引起。还有非蛋白氮化合物，特别是铵盐等含氮量较高的中性速效化肥，由于保管不善，被牛误食而引起中毒的也有发生。此外，饲料中糖类物质含量不足，而豆科饲料含量过大，肝功能紊乱，瘤胃酸碱度升高（8.0 以上）以及饥饿或间断性饲喂尿素等，也会成为发生中毒的诱因。本病大多呈急性经过，在临床上是以强直性痉挛和呼吸困难等为特征的中毒性疾病。本病病程极短，通常在发病后 1～2 小时内死亡，死亡率高达 80％以上。故应在发现、确诊后，尽快地采取急救措施。首选药物为稀乙酸（或食醋），用法用量：5％乙酸溶液 1 000～3 000 毫升，经口投，如混合糖蜜和水适量效果更好。此外，口服或静脉注射硫代硫酸钠溶液。还可用强心、呼吸中枢兴奋以及镇静等药物对症治疗。瘤胃臌气时，可行瘤胃穿刺术。

155. 怎样防治乳房炎?

牛舍潮湿，通风不良，粪尿不及时清扫等是乳房炎的主要病因。治疗乳房炎要根据不同病情采取适当疗法。炎症初期冷敷，以后热敷或涂鱼石脂软膏或碘软膏。有全身症状时肌内注射青霉素 200 万～240 万单位，每隔 6～8 小时注入 1 次，同时，注射链霉素，可获得更好的效果。也可用四环素治疗。

预防措施：注意清洁卫生，垫草要干燥、柔软，牛体要每天刷拭；合理饲养；注意产后护理，尽量避免地面脏物污染牛的后躯。

156. 怎样防治产后瘫痪?

胎儿过大、胎势及胎位不正、难产时间过长、荐髂关节韧带剧伸、强力拉出胎儿，易导致母牛产后瘫痪。此外，饥饿及营养不良，矿物质和维生素缺乏，也能引起产后瘫痪。主要表现为母牛分娩后，卧下时后肢不能站立，或后肢站立困难，跛行。

对难产引起的瘫痪，用针灸及药物穴位注射疗法有较好的效果。肌内注射维生素 B_{12} 5 克，维生素 B_1 20 毫升，硝酸士的宁 5 毫升，地塞米松 10 毫克，连用 7 天为 1 个疗程。静脉注射 10% 葡萄糖酸钙 2 000 毫升，10% 葡萄糖 500 毫升，连用 3 天。也可用独活散治疗。

157. 怎样防治犊牛支气管炎、肺炎?

支气管炎、肺炎多发于早春、晚秋及天气多变的时候。治疗方法：对频发咳嗽的病牛可用氯化铵 15 克，杏仁水 35 毫升，远志酊 30 毫升，温水 500 毫升，一次内服；氯化铵 20 克，碘化钾 2 克，远志末 30 克，温水 500 毫升，一次内服。病牛频发痛咳、分泌物不多时，可选用复方樟脑酊 30～50 毫升，一次内服；磷

酸可待因 0.2～2 克，温水 500 毫升，一次内服；枇杷止咳露
200～250 毫升，一次内服。也可用抗生素或磺胺类药物消除炎
症。当发生呼吸困难时，可用氨茶碱 1～2 克，一次肌内注射；
5%麻黄碱溶液 4～10 毫升，一次皮下注射；3%过氧化氢溶液
500 毫升，25%葡萄糖液 1 500 毫升，静脉注射；还可用款冬花
散治疗。

158. 怎样防治牛螨病？

　　牛螨病的病原主要包括足螨、脂螨、疥螨、痒螨等。足螨主
要发生在成年牛，冬季多见，伴有脱毛的结痂皮肤损伤可出现于
坐骨窝、尾根、会阴、股内侧等；脂螨一般发生在颈部、肩隆，
可见有结节和丘疹等；疥螨主要特点是患处明显瘙痒，多见尾、
颈、胸、臀部等；痒螨类似疥螨，主要通过接触感染。

　　预防措施：加强牛舍环境管理，定期清粪消毒，保证牛身干
净和牛床舒适；控制牛群饲养密度；早期发现个别牛出现螨虫症
状时，及时隔离治疗，并对全群进行预防性驱虫处理，根据季节
特点，每年定期驱虫。

　　治疗时先剪去患部毛痂、彻底洗净再涂擦药物。可用蝇毒磷
喷雾，伊维菌素、有机磷类药物等也可用于非泌乳牛，多数治疗
需要隔 2 周再次重复一次，但需要遵守规定的休药期。

第三篇　羊的养殖

一、品种及其选育

159. 如何选用国内外优良的肉用绵羊品种？

（1）小尾寒羊　该羊体格高大，头略长，鼻梁隆起，耳大下垂，四肢修长、健壮，公羊有螺旋形大角，前胸较深，鬐甲高，背腰平直；母羊有小角或无角，体躯略呈扁形，乳房较大，被毛多为白色，少数个体头、四肢部有黑、褐色斑，被毛属于异质毛。该品种生长发育较快，性成熟早，母羊5～6月龄开始发情，且一年四季均可发情配种，经产母羊产羔率达270%，是世界上著名的高繁殖力绵羊品种之一。

（2）湖羊　主要分布在浙江、江苏间的太湖流域，所以称为"湖羊"。该品种具短脂尾型特征，公、母羊均无角，体躯长，四肢高，毛色洁白，脂尾扁圆形，不超过飞节，终年繁殖。母羊4～5月龄性成熟，可两年产3胎或一年产2胎，胎产羔2～3只。母羊泌乳量多，羔羊生长迅速。成年羊每年春、秋季节剪毛2次。湖羊羔羊出生后1～2天内宰杀，羔羊皮毛色洁白光润，具有波浪形花纹，皮板轻柔，有"软宝石"之称，在国际市场上，享有很高声誉。

（3）无角陶赛特羊　该品种原产于澳大利亚和新西兰，体质结实，公、母羊均无角，颈粗短，胸宽深，背腰平直，肋骨开张良好，体躯长、宽而深，体躯呈圆桶状，四肢粗壮，后躯丰满，被毛白色，肉用体型明显，具有生长发育快、易肥育、肌肉发育良好、瘦肉率高的特点。该品种羊具有早熟、产羔率高、母性强、常年发情配种、适应性强、遗传力强等特点，是理想的肉羊生产的终端父本之一。

（4）特克塞尔羊　原产于荷兰，该羊体格较大，体质结实，体躯较长，呈圆筒状，颈粗短，前胸宽，背腰平直，后躯丰满，四肢粗壮。公、母羊均无角，耳短，头、面部和四肢下端无羊毛着生，全身被毛白色，眼大突出，鼻镜、眼圈、皮肤和蹄质均为黑色。母羊泌乳性能良好，产羔率150%～160%。该品种羊产肉和产毛性能好，瘦肉率高，肌肉发育良好，适应性强，具有多胎、早熟、生长迅速、繁殖力强等特点，用于肥羔生产的杂交父本。

（5）杜泊羊　原产于南非。分白头和黑头两种，体躯呈独特的桶形，公、母羊均无角，颈粗短，肩宽厚，背平直，肋骨拱圆，前胸丰满，后躯肌肉发达，四肢短粗，肉用体型好。羔羊初生重可达5.5千克，生长速度快，瘦肉多，胴体质量好，3～4月龄羔羊活重达36千克。肉质细嫩、多汁、色鲜，脂肪分布均匀，国际上誉为"钻石级肉"，主要生产品质优良的肥羔肉。

（6）萨福克羊　原产于英国东南部的萨福克地区。具有早熟、产肉多、肉质好的特点。公、母羊均无角，体躯主要部位被毛白色，含少量有色纤维，头、面部、耳与四肢下端为黑色。头较长，耳大，颈短粗，胸宽深，背腰平直，肌肉丰满，后躯发育良好，四肢粗壮结实。常用萨福克羊同当地粗毛羊及细毛杂种羊杂交来生产肉羔，该羊是世界公认的用于终端杂交的优良父本品种。

（7）波德代羊　产于新西兰南岛的坎特伯里平原。公、母羊均无角，全身被毛白色，鼻镜、嘴唇、蹄冠为褐色。头中等大小，颈宽厚，鬐甲宽平，背腰长而宽平，肋骨开张良好，胸宽深，腹大而紧凑，前躯丰满，后躯发达，整个体躯呈桶状，臀部呈倒 U 形。四肢粗壮，长度中等，蹄质结实。

（8）夏洛莱羊 原产于法国中部的夏洛莱地区。头部无毛，脸部呈粉红色或灰色，额宽，耳大灵活，体躯长，胸宽深，背腰平直，后躯丰满，四肢较短，粗壮，下部呈浅褐色。该品种具有早熟、耐粗饲、采食能力强、肥育性能好的特点，是当今世界优秀的肉用品种，除进行纯种繁育外，还与当地品种或其他肉羊品种杂交，获得了较好的杂交效果。

（9）德国美利奴羊 产于德国，属肉用型细毛早熟品种。体型大，胸宽深，背腰平直，肌肉丰满，后躯发育良好。成年母羊剪毛量 4.5～5.0 千克，净毛率 45％～52％，羊毛细度 60～64支，长度 7.5～9.0 厘米，宰后胴体重 19～23 千克，屠宰率 47％～51％。目前在内蒙古、新疆、甘肃等地有分布。该羊与蒙古羊、西藏羊、小尾寒羊杂交，后代被毛品质有明显改善，产肉性能良好。

160. 如何选用国内外优良的肉用山羊品种？

（1）马头山羊 该山羊是湖北省、湖南省肉、皮兼用的地方优良品种。公、母羊均无角，头形似马，性情迟钝而称之为"懒羊"。被毛以白色为主，有少量黑色和麻色，皮厚而松软，毛稀无绒，骨骼坚实，背腰平直，肋骨开张良好，臀部宽大，尾短而上翘。早期肥育效果好，长速快，肌肉发达，肌纤维细致，肉质鲜嫩，膻味较轻，可生产肥羔肉。板皮品质良好，张幅大，毛洁白而均匀，是制毛笔和毛刷的上等原料。适应性和合群性强，易于管理，在我国南方各省都能适应。

（2）成都麻羊 主要分布于四川成都平原及其附近丘陵地区。该品种头中等大小，两耳侧伸，额宽而微突，鼻梁平直，颈长短适中，背腰宽平，四肢粗壮，蹄质坚实。具有生长发育快、早熟、繁殖力高、适应性强、耐湿热、耐粗放饲养、遗传性能稳定等特性，肉用性能良好，肉细嫩多汁，膻味较小。皮板加工成的皮革弹性好，强度大，质地柔软，耐磨损，是我国优良的地方山羊品种。

（3）南江黄羊 原产于四川省南江县，是我国培育的第一个肉用山羊品种，被毛黄褐色，故取名为"南江黄羊"。面部多呈黑色，鼻梁两侧有一条浅黄色条纹，从头顶至尾根沿脊背有一条宽窄不等的黑色毛带，大多数公、母羊有角，体型较大，颈部较粗，背腰平直，后躯丰满，四肢粗壮。8～10月龄屠宰，肉质好，性成熟早，3月龄就有初情表现，母羊8月龄可初配，公羊12～18月龄可配种，利用南江黄羊公羊改良过的本地山羊，效果十分显著。

（4）贵州白山羊 分布在贵州遵义、铜仁两地。体型中等，大部分有角，腿较短，背宽平，体躯较长而丰满；头宽额平，被毛以白色为主，其次为麻、黑、花色，被毛较短。一般在秋、冬两季屠宰，肉质细嫩，膻味轻；常年发情，性成熟早，公、母羔在5月龄即可配种，一年产2胎。在生产中，可用于纯种繁育和与其他地方山羊品种杂交，以提高杂种后代的肉用性能。

（5）陕南白山羊 产于陕西南部地区。被毛白色，体格高大，结构匀称，骨骼粗壮结实、肌肉发育适中，体质偏重于细致疏松型。该品种具有早熟、易肥、肉呈红色细嫩等优良特性。在生产中，可用于纯种繁育和与其他肉用山羊品种杂交，以提高杂种后代的产肉性能。

（6）建昌黑山羊 主要分布在四川凉山彝族自治州的会理、会东二县。体格中等，体躯匀称，略呈长方形，鼻梁平直；公、母羊绝大多数有角和肉髯，被毛多为黑色，少数为白色、黄色和杂色。该品种生长发育快、产肉性能和皮板品质好，肉质细嫩，味道鲜美，膻味极小。可用于纯种繁育和与其他肉用山羊品种杂交，提高后代的肉用性能。

（7）波尔山羊 原产于南非，是最受各国欢迎的肉用山羊品种之一，有"肉用山羊之王""肉羊之父"的美称。波尔山羊具有良好的肉用体型，体躯呈长方形，背腰宽厚平直，皮肤松软，有较多褶皱，肌肉丰满。被毛短密有光泽、白色，头颈为红褐色，额中有一白色毛带。与本地山羊轮回杂交，可提高后代产肉性能。

（8）黄淮山羊　广泛分布于黄淮流域，属于肉、皮用山羊品种。体型结构匀称，骨骼较细，鼻梁平直，面部微凹，下颌有髯。胸较深，肋骨开张良好，背腰平直，体躯呈桶形。被毛白色，毛短有丝光，绒毛很少。肉质细嫩、膻味小，屠宰率高，性成熟早，生成发育快，四季发情，繁殖率高特性，一般5月龄母羔就能发情配种，部分母羊一年2胎或两年3胎，产羔率平均230％左右。与肉用山羊杂交，加强饲养管理，可提高黄淮山羊产肉性能。

161. 选种时应该考虑哪些问题？

（1）看当地的实际情况　各地要根据地方品种的种质特点，有针对性地引种改良，以提高地方品种的性能和生长速度。

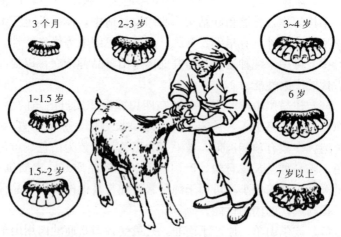

图 3-1　年龄鉴别

（2）看体型外貌 符合本品种的体型外貌特点，且种羊的体型、体况和体质应结实，前胸要宽深，四肢粗壮，肌肉组织发达。

（3）看年龄大小 首先，根据育种记录或羊耳标、剪耳、墨刺、烙角等标号判断羊的年龄；其次，根据羊牙齿判断羊的年龄（图3-1、表3-1）；第三，根据羊角轮判断年龄。

表3-1 牙齿情况与年龄对照

牙齿情况	年龄
两个或以上乳齿出现	初生至1月龄
第1对乳齿由永久门齿代替	1.5~2岁
第2对永久门齿代替	2.5岁
第3对永久门齿代替	3.5岁
第4对永久门齿代替	4.5岁
永久门齿磨成同一水平，第4对也出现磨损	5~6岁
第1对门齿中央出现球形圆点	7~8岁
第2对门齿出现球形圆点	8~9岁
第4对门齿出现球形圆点	10~11岁

（4）注意羊只健康状况 健康羊只活泼好动，两眼明亮有神，皮光毛顺，食欲旺盛，呼吸、体温正常，四肢强壮有力。

（5）要求随带系谱卡和检疫证 一般种羊场都有系谱档案，出场种羊应随带系谱卡（表3-2、图3-2），以便掌握种羊的血缘关系及父母、祖父母的生产性能，估测种羊本身的性能。

表3-2 某种羊繁育场竖式系谱卡

种畜禽编号：		性别：		品种：	
Ⅰ	母（编号）：		父（编号）：		
Ⅱ	外祖母（编号）：	外祖父（编号）：	祖母（编号）：	祖父（编号）：	
	出生日期：	出生重（千克）：		毛色：	
产地来源：	角型：	进场日期：	出场日期：		级别：

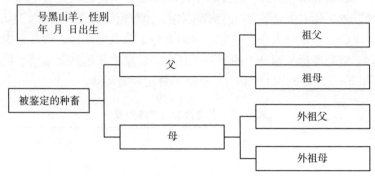

图 3-2　某种羊繁育场横式系谱卡

162. 如何选留羔羊?

（1）初生羔羊选择　在初生选种时要注意多胎性的选择，尽量从那些泌乳性能好、母性强、多胎的母羊或初产是双羔的母羊后代中选留种羊，羔羊出生后，体格发育情况正常，无畸形，无杂色毛，生后 2 小时内体重较大。

（2）断奶羔羊选择　在羔羊出生后一般 80～100 天断奶。选留断奶重大、长速快的个体，同时在选留羔羊时，以系谱成绩为主、个体表型为辅进行选留。

（3）周岁羊的选择　整体结构良好，外形无严重缺陷，被毛无色斑，行动正常。公羊无单睾、隐睾，母羊乳房发育情况良好。

163. 如何选留后备羊?

（1）查看系谱成绩　从品质优良的公、母羊交配的后代中，全窝都发育良好的羔羊中选择，母羊需要第 2 胎以上，并且产羔多，双羔率要高。

（2）根据个体表型选择　即根据待选羔羊群中每个个体的初步表现决定是否留种。应从初生重大、生长发育快、体尺指标符合本品种标准、发育良好的个体中选择。后备母羊的数量一般为所需数量的3～5倍，后备公羊的数量为需要量的2～3倍，以防因当初的错选或优秀者中途死亡，造成育种或生产过程中最终的种羊数量不足。

164. 如何选留种公羊？

俗话说："公好好一坡、母好好一窝"。因此，种公羊应体质健壮，精力充沛，敏捷活泼，食欲旺盛；头略粗重，眼大有神，颈宽且长，肌肉发达，鬐甲高于荐部，背腰平直且宽，肋骨开张，尻平而宽长，站立肢势端正，被毛较粗长，雄性强，睾丸大小适中、鸣声高昂。

165. 如何选留种母羊？

种母羊作为生产羔羊的"活机器"，要求反应灵敏，神态活泼，行走轻快，头高昂，食欲旺盛，生长发育正常，皮肤柔软富有弹性，体躯高大，胸深而宽、肋骨开张，背腰宽长，腹大而不下垂，后躯宽深，膘情中等偏上，乳房发育良好。

166. 引种前有哪些准备工作？

（1）明确引种目的 引种是为了引进优良基因，改良和提高原有品种的生产性能或改变原有品种的生产方向。要根据当地或国内外养羊业的发展现状和今后市场变化情况进行认真研究，以免带来不必要的经济损失。

（2）制订引种计划 结合羊场的实际情况和种群更新计划，确定所需品种和数量，有选择性地引入优良品种，一方面进行纯种繁育，扩大利用；另一方面改良和提高羊场的羊群质量。

（3）确定引入品种 要根据当地农业生产、饲草饲料、地理位置等因素加以分析，认真对比供种地区与引入地区的生态、经济条件的异同，有针对性地考察品种羊的特性及对当地的适应性，进而确定引入品种。

（4）考察供种单位 一般应选择该品种主产地区的种羊场引种，要本着"耳听为虚，眼见为实"的原则，对供种单位必须进行详细的实地考察，切忌"图小便宜吃大亏"，最终造成品种质量无法保证。

（5）确定引种方式 生产当中，各场可根据实际情况选择活体引入、引进冷冻精液和引进冷冻胚胎等适合本场的引种方式。

（6）确定引种时间 一般春、秋两季是运输羊比较好的季节。

（7）确定公、母羊比例，计算所引种羊数量 一般采取自然交配时，公、母比例为 1：（20～30），人工授精时为 1：（300～500），计算种羊数量时常以母羊数量定公羊数量。

167. 怎么调运和管理种羊？

（1）专车运输 在种羊运载 24 小时之前，必须对运载车辆和配备用具进行 2 次以上的严格消毒，最好能空置 1 天后再装羊。一般安排每 10 米^2 容纳 15～20 头为一个隔栏，车厢内应铺设垫草垫料。

（2）减少应激 要求供种场提前 2 小时对准备运输的种羊停止投喂饲料，长途运输的种羊，应给种羊口服维生素 C 或电解多维等抗应激药物，以防过度疲劳，对表现特别兴奋的种羊，可注射适量氯丙嗪等镇静针剂。可防止羊只在运输过程中出现应激和造成肢蹄损伤，避免在运输途中死亡和感染疫病。

（3）保暖防暑 冬季要注意保暖，夏天要重视防暑，切忌炎热时间装运种羊。夏天可在早晨和傍晚装运，途中应注意供给饮水，防止种羊中暑，运羊车辆应备有帆布或遮阳网。

（4）观察羊群 汽车运输要遵循"先慢后快常停车"的原则，运输途中要适时停歇，检查有无异常，对趴下、跌倒的羊只应及时拉起、保护，否则羊就会因被踩、挤压而窒息死亡，特别是上下坡时更要注意经常检查。

（5）严格检疫制度　种羊在运输前必须经检疫后方可决定是否调运。检疫项目一般有临床检查和传染病检查，包括布鲁氏菌病、蓝舌病、口蹄疫等，确保种羊健康无病。

168. 种羊引入场后如何管理？

（1）及时消毒　种羊到达目的地后，在进场前应对车辆、羊只及车周围地面进行消毒，按体重、性别进行分群饲养。

（2）隔离观察　新引进的种羊，不能直接转入生产区，应先在隔离舍饲养 30 天左右，羊只能适应新环境，可正常采食、饮水、活动且健康无病后方可转入生产区。

（3）科学饮水　种羊进入隔离舍后，先给羊只提供一定量的淡盐水或口服补液盐。

（4）观察检疫　种羊引入后，在隔离舍应做到"勤观察，严检疫"，在兽医人员的配合下，确认种羊无任何异常情况下方可转入生产区进行饲养。

（5）防疫驱虫　种羊到场 1 周开始，应按本场的免疫程序接种相应疫苗，后备种羊在此期间可做一些引起繁殖障碍疾病的疫苗注射。

二、羊的饲料与加工调制

169. 如何对粗饲料进行加工调制？

（1）铡短　利用铡草机将粗饲料切短，一般用于喂羊的粗饲料可切短至 1.5～2.5 厘米。

（2）膨化　将初步破碎或不经破碎的粗饲料装入膨化机械高压罐内，在 1.47～1.96 兆帕的压力下，持续 30 分钟后，突然降至常压喷放。膨化可明显提高羊的采食量和有机物质的消化率。

（3）盐化　指铡碎或粉碎的秸秆饲料用1％的食盐水和等量的秸秆充分搅拌后，放入容器内或在水泥地面堆放，用塑料薄膜覆盖，12～24小时饲喂。

（4）氨化　氨化饲料制作方法简便，尤其将小麦秸和稻草制成氨化饲料，可提高粗饲料营养价值，同时氨化后的秸秆质地松软，有糊香气味，颜色棕黄，可提高适口性、增加采食量和消化吸收利用率。

（5）青贮　指将新鲜的青饲料切短装入密封容器里，经过微生物发酵作用，制成一种具有特殊芳香气味、营养丰富的多汁饲料。

170. 如何制作氨化饲料？

（1）建造土池或水泥池　深度一般不超过2米，池的容积根据贮量的多少而定。池的形状长、方、圆形均可，池壁应光滑，池底微凹（蓄积氨水）。若为土池，先在池内铺一块塑料薄膜，薄膜的大小以密封好所贮秸秆为宜，然后将切断的秸秆填入池中，装满后注入一定量的氨水，在上面盖一层塑料薄膜，塑料薄膜四周折叠、密封，压土封严。

（2）氨水用量　每100千克秸秆需氨水量为3千克÷氨水含氨量。

（3）尿素用量　每100千克秸秆用尿素3～5千克，加水30～60千克溶解后均匀喷洒在秸秆上，分层装实，用塑料薄膜密封、压土封严。

（4）氨化处理封闭时间　环境温度30℃以上为7天；15～30℃为7～28天；5～15℃为28～56天；5℃以下为56天以上。

（5）饲喂方法　喂前必须将氨味完全放掉，切不可将带有氨味的饲料喂羊，饲喂时应由少到多，逐渐适应，并应与其他饲料搭配使用。

171. 怎样调制青贮饲料？

（1）铡短　青贮原料应铡短至 1～2 厘米，有利于压实，提高青贮料品质和消化率，利于羊只采食。牧草也可整株青贮。

（2）装填与压实　装填时，先把原料的含水量调整到 55%～75%，然后分层装填青贮料，每装 15～30 厘米厚时，要压紧一次，尤其是窖的凹周边缘和窖角。压得越紧，空气排出越彻底，青贮的质量越好。

（3）密封　青贮原料装填到高出窖上沿 1 米时，在上面盖一层塑料薄膜，再加盖一层稻草或其他柔软的秸秆，最后盖土 30～50 厘米，做到不漏气、不漏水，窖顶应成馒头或屋脊形以列排水。

（4）管护　窖的四周应设排水沟，以防雨水进入。要经常查看，如发现窖顶有裂缝时，应及时将土压实，最好能在青贮窖的四周设置一围栏，以防牲畜践踏。

172. 如何进行青贮饲料品质评定？

（1）看颜色　好的青贮料颜色接近原料颜色，品质好的青贮料，颜色呈黄绿色；中等的呈黄褐色或褐绿色；劣等的为褐色或黑色。

（2）闻气味　品质好的青贮料有一种酸香味，略带水果香味；有刺鼻的酸味的品质较次；有霉烂味的为劣等，不宜喂羊。

（3）摸质地　优质青贮料用手摸是松散柔软的，略带潮湿，不黏手，茎、叶脉络仍能辨清；若结成一团，腐败发黏，分不清原有结构或过于干硬，都为劣等。

173. 如何对精饲料进行加工调制？

（1）磨碎　这是最简单、最常用的一种加工方法，要求将质地坚硬或有皮壳的饲料在饲喂前磨碎，粒度大小适中，不能磨得很细，以颗粒直径 1.0～2.0 毫米为宜。经粉碎后的籽实便于采食、咀嚼，可改善饲料适口性，提高饲料的消化率和利用率。

（2）湿润与浸泡 湿润一般是用于尘粉比较多的饲料，而浸泡主要应用于硬的籽实或油饼，使之软化或溶去有毒物质。将饲料置于池子或缸中，按 1：（1～1.5）的比例加水浸泡。坚硬的饲料经过浸泡，吸收水分，膨胀柔软，容易咀嚼，便于消化，而且浸泡后某些饲料的毒性和异味减轻，从而提高适口性。

（3）焙炒 禾本科籽实经焙炒后，其中的一部分淀粉转变成糊精，淀粉的利用率提高。另外一些饲料经焙炒处理，还可消除有毒物质、细菌和病虫，降低抗营养因子的活性。饲料焙炒后变得香脆、适口，可用作羔羊开食料。

（4）饲料颗粒化 将饲料粉碎后，按一定比例合理配制，用饲料制粒机加工成一定的颗粒形状，一般颗粒直径为 4～5 毫米、长 10～15 毫米。颗粒饲料适口性好，饲喂方便，羊只采食后容易消化吸收，可增加羊的采食量，且营养齐全，减少饲料的浪费。颗粒饲料属于全价饲料的一种，可以直接饲喂羊只。

174. 如何正确使用矿物质饲料？

在养羊生产中，矿物质饲料主要有食盐、骨粉、贝壳粉、磷酸氢钙及微量元素添加剂等，用来补充日粮中矿物质的不足。矿物饲料中除食盐和骨粉外，很少单独使用，一般是作为添加剂均匀地混合于精饲料中饲喂。

175. 如何正确使用饲料添加剂？

羊用饲料添加剂包括营养性添加剂和非营养性添加剂，主要包括微量元素、多维素、生长促进剂、驱虫保健剂、瘤胃调控剂以及饲料保护剂等，可补充或平衡饲料营养成分，提高饲料适口性和利用率，促进羊的生长发育，改善代谢机能，加快生长速度，缩短育肥期，增加肉羊育肥的经济效益。

176. 如何正确使用添加剂预混料?

将饲料添加剂按照一定的比例均匀混合在一起，称为预混料。主要含有矿物质、维生素、氨基酸、促生长剂、抗氧化剂、防霉剂和着色剂等，是配合饲料的半成品，可供生产全价配合饲料及浓缩料使用，它不能直接饲喂动物。在配合饲料中添加量一般为 0.5%～3%。

177. 如何正确使用浓缩料?

浓缩料又称蛋白质补充饲料，主要是由蛋白质饲料、常量矿物质饲料（钙、磷、食盐）和添加剂预混饲料配制而成的配合饲料半成品。它一般占全价配合饲料的 20%～30%，再掺入一定比例的能量饲料（玉米、大麦、麸皮等）就成为满足动物营养需要的全价饲料，具有粗蛋白质含量高（一般在 30%～50%）、满足蛋白质各类添加剂的需要、使用方便等优点。

178. 如何正确使用精料预混料?

精料预混料又称精料混合料。专为牛、羊等草食动物所生产，它不能单独构成日粮，而是用以补充采食饲草后不足的那一部分营养。亦即牛、羊等草食动物在所采食的青、粗饲料及青贮饲料外，给予适量的精料补充料，可满足饲喂对象的营养需要。

179. 如何配制全价日粮?

（1）舍饲日粮组成

①哺乳母羊：混合精料 0.7～1.5 千克（稻草粉 0.75 千克，青干草 1 千克，蚕沙 0.25 千克），每千克日粮中含粗蛋白质 250～380 克，含消化能 10.1～10.5 兆焦。

②哺乳期羔羊：混合精料 100 克（大麦 22.5%，麸皮 40%，米糠 20%，豆粕 5%，菜籽粕 5%，贝壳粉 1.5%，食盐 1%），青草自由采食。

③断奶羔羊：混合精料 300～350 克，（大麦 22.5%，麸皮 40%，米糠 20%，豆粕 5%，菜籽粕 10%，贝壳粉 1.5%，食盐 1%），青草 250 克，青干草 300 克。

④30 千克体重羔羊：混合精料 600～800 克，（玉米 70%，菜籽饼 30%），青草 200 克，青干草或氨化稻草 400～600 克。

⑤育肥羊：混合精料为 45%（混合精料配比为玉米 75%，豆粕 18%，豆科草粉 5.5%，食盐混合矿物质 1.5%），粗饲料和其他饲料为 55%。每天必须供给 1 千克以上的青饲料。

（2）混合精料配方（表 3-3）

表 3-3　混合精料配方

（潘越博.2016.现代肉羊生产技术）

类型		精料配方及营养成分	饲喂量和方法
种羊混合精料配方	种公羊	玉米 53%，麸皮 7%，豆粕 20%，棉籽饼 10%，鱼粉 8%，食盐 1%，石粉 1%　干物质的含量为 88%，粗蛋白质 22%，钙 0.9%，磷 0.5%，每千克干物质含代谢能 11.05 兆焦	非配种公羊每天每只混合精料喂量为 0.5～0.7 千克，分 2～3 次饲喂　配种期混合精料的喂量为 1.2～1.6 千克，分 4 次饲喂　粗饲料喂量为 2.0～2.5 千克
	种母羊	玉米 60%，麸皮 8%，豆粕 12%，棉籽饼 16%，食盐 1%，磷酸氢钙 3%　精料中干物质的含量为 87.9%，粗蛋白质 16.2%，钙 0.9%，磷 0.8%，每千克干物质含代谢能 10.54 兆焦	舍饲母羊的日粮混合精料喂量为 0.3～0.7 千克，妊娠后期和哺乳前期应相应加大精料喂量，每天 3～4 次，其他时间可减少喂量，日喂 2～3 次，粗饲料喂量 1.7～2.0 千克，饮水不限

（续）

类型		精料配方及营养成分	饲喂量和方法
舍饲肥育羊混合精料配方	舍饲肥育羊	玉米 21.5%，草粉 21.5%，麸皮 17%，豆粕 12%，棉籽饼或菜籽饼 21.5%，花生饼 10.3%，饲料酵母 6.9%，食盐 0.7%，尿素 0.3%，添加剂 0.3%，混合均匀即可	肥育的前 20 天日均每只喂料 350 克，肥育的中 20 天日均每只喂料 400 克，肥育的后 20 天日均每只喂料 450 克。粗料不限量
	舍饲强度肥育羊	玉米 49%，麸皮 20%，棉籽粕或菜籽粕 30%，石粉（骨粉）1%，添加剂（羊用）20 克，食盐 5～10 克	肥育的前 20 天，每只每天供给精料 0.5～0.8 千克
		玉米 55%，麸皮 20%，棉籽粕或菜籽粕 24%，石粉（骨粉）1%，添加剂（羊用）20 克，食盐 5～10 克	肥育的中 20 天，每只每天供给精料 0.7～0.8 千克
		玉米 65%，麸皮 14%，棉籽粕或菜籽粕 20%，石粉（骨粉）1%，添加剂（羊用）20 克，食盐 10 克	肥育的后 20 天，每只每天供给精料 0.9～1.0 千克
羔羊肥育混合精料配方	肥育前期	玉米 50%，饲料酵母 11%，麸皮 22%，豆饼 15%，矿物质 2%，精料含粗蛋白质 13.5%	羔羊混合精料的喂量随年龄的增长而增长，每只羔羊的日喂量为 70 克，自由采食优质牧草
	30～60 日龄羔羊	玉米 45%，麸皮 6%，向日葵饼 18%，苜蓿粉 30%，微量元素添加剂 0.5%，食盐 0.5%	每日每只喂配合料 0.15～0.20 千克，自由采食优质牧草

· 141 ·

（续）

类型		精料配方及营养成分	饲喂量和方法
羔羊肥育混合精料配方	60 日龄以后	玉米 50%，麸皮 20%，向日葵饼或亚麻饼 20%，饲用酵母 8%，食盐 2%	每日每只喂配合料 0.30～0.50 千克，饲喂禾本科青干草或田间青草 0.8 千克
	羔羊肥育通用饲料	玉米 58%，麸皮 20%，棉籽粕或菜籽粕 10%，饲料酵母 10%，添加剂 1.2%，骨粉等 0.8%	20 日龄到 1 月龄每只羔羊的日喂量为 60～80 克，1～2 月龄为 120～180 克，2～3 月龄为 250 克，3～4 月龄为 300 克，4～5 月龄为 400 克，5～6 月龄为 400～500 克。羔羊的粗饲料为自由采食
	放牧补饲精料	玉米 30%，麸皮 25%，菜籽饼 20%，棉籽粕 20%，矿物质 3%，食盐 2% 配合饲料中干物质的含量为 91%，粗蛋白质 17.4%，钙 0.72%，磷 0.3%，每千克干物质含代谢能 7.91 兆焦	日补饲混合精料 0.3～0.5 千克，上午归牧后补总量的 30%，晚 8 点补 70%。饲喂时加草粉 15% 混匀拌湿，槽喂。枯草期，在混合精料中还应加 5%～10% 麸皮，添加微量元素和维生素 A、维生素 D_3 粉，冬季低于 4℃ 时，应进入保温圈舍内
舍饲育成羊精料配方	育成前期（4～8 月龄）	玉米 68%，麸皮 10%，豆粕 7%，花生饼 12%，添加剂 1%，磷酸氢钙 1%，食盐 1%	饲喂精料 0.4 千克，苜蓿 0.6 千克，玉米秸秆 0.2 千克
		玉米 50%，麸皮 12%，豆粕 15%，花生饼 20%，添加剂 1%，磷酸氢钙 3%，食盐 1%	饲喂精料 0.4 千克，青贮 1.5 千克，干草或稻草 0.2 千克
	育成后期（8～10 月龄）	玉米 45%，麸皮 15%，花生饼 25%，葵花饼 13%，食盐 1%，磷酸氢钙 1%，添加剂 1%	饲喂精料 0.5 千克，青贮 3 千克，干草或稻草 0.6 千克
		玉米 80%，麸皮 10%，花生饼 8%，食盐 1%，添加剂 1%	饲喂精料 0.4 千克，苜蓿 0.5 千克，玉米秸秆 1 千克

180. 怎样确定各类羊群的日粮组成？

羊的饲养方式比较复杂，例如放牧饲养、放牧加补饲饲养、舍饲饲养等。生产中为了比较准群地计算出羊只的饲料消耗量，编制合理的饲料计划，就必须明确羊的饲养方式和羊的日粮组成。不同的羊场、不同的饲养方式形成的日粮组成存在一定的差异。

181. 怎样计算各类羊群的饲料需要量？

计算确定各类羊群的饲料需要量，可根据公式：

饲料需要量＝羊群数量（只）×日粮定额（千克/只）×饲养天数

现举例计算某羊场每天、每周、每季度（计 13 周）及每年（计 52 周）的饲料需要量（表 3-4）。

表 3-4　某羊场饲粮需要量

单位：千克

羊群	平均饲养头数	饲料需要量			
		每天	每周	每季度	全年
种公羊	40	24	168	2 160	8 760
成年母羊	1 000	520	3 640	46 800	189 800
育成羊	200	86	602	7 740	31 200
羔羊	1 500	616	4 315	55 440	225 000

三、羊场建设

182. 羊场场址应满足哪些基本条件？

选择场址不仅要根据羊场的经营方式（单一经营或综合经济）、生产特点（种畜场或商品场）、饲养管理方式（舍饲或放牧）及生产集约化程度等基本特点，而且要与人们的消费观点和消费水平、养羊生产的区域性、地方发展的方向及资源利用等情况相结合，对地形、地势、水源、土壤、地方性气候等自然条件，以及饲料和能源供应、交通运输、与工厂和居民点的相对位置、产品的就近销售、牧场废弃物的就地处理等社会条件进行全面考虑。

183. 怎样合理规划场区建筑物？

场址选定，接着进入羊场的建筑物的规划布局阶段。根据场地规划方案和工艺设计对各种不同建筑物的规定，合理安排每栋羊舍和每种设施的位置和朝向，称为羊场建筑物布局。这一切必须根据场地的地形、地势和当地主风方向，有计划安排场区羊舍、道路、排水、绿化等位置。同时，场地规划和建筑物布局需结合进行，综合考虑，提出几种方案，反复比较分析，最后确定方案绘出总平面图。

184. 怎样合理设计塑料暖棚羊舍？

棚舍中梁高 2.5 米，后墙高 1.7 米，前沿墙高 1.1 米，跨度 6 米，长度依规模定。中梁距前沿墙 2～3 米，棚舍一端山墙上留有高约 1.8 米、宽约 1.2 米的门，供饲养人员和羊只出入，棚内沿墙设补饲槽，产羔栏（图 3-3）。

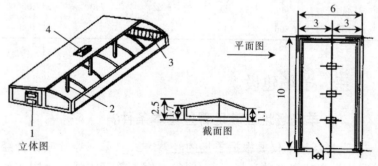

图 3-3 半拱圆形暖棚羊舍示意（单位：米）

1. 单扇木门　2. 顶柱　3. 补饲　4. 百叶窗排气孔

四、羊的饲养管理

185. 怎样合理饲养种公羊？

（1）配种期

①配种预备期：指配种前 40～45 天。这一时期日粮营养水平应逐步提高，到配种开始达到标准。

②正式配种期：这个时期的饲养要特别精心，少给勤添，注意饲料的质量和适口性。必要时每天可以添加一个鸡蛋，以补偿配种期营养，特别是蛋白质的大量消耗，并要依据公羊的体况和精液品质及时调整日粮。

（2）非配种期　在非配种期，有条件的地方要进行放牧，适当补饲豆类精料，在配种季节来临前 2 个月就应加强饲养，并逐渐过渡到高能量、高蛋白质的饲养水平。

186. 如何科学管理种公羊？

种公羊要与母羊分群饲养，以避免发生偷配，导致乱交滥配、近亲繁殖等现象的发生。必须给予种公羊多样化的饲草饲料，使种公羊保持良好的体质、旺盛的性欲以及正常的采精配种能力。

187. 怎样合理饲养空怀母羊？

母羊空怀时所需的营养最少，不增重，也不产奶，主要是恢复体况。饲粮精粗比例以粗料占 15％、粗料占 85％为宜，防止过肥。配种前 1～1.5 个月进行短期优饲，增加优质干草、混合精料饲喂量，保证种母羊在配种季节发情整齐、缩短配种期、增加排卵数和提高受胎率、产羔率；在配种前 2～3 周，除保证饲草的供应、适当喂盐、满足饮水外，还要对繁殖母羊进行短期补饲，每只每天喂混合精料 0.2～0.4 千克，这样做有明显的催情效果。

188. 如何科学管理空怀母羊？

空怀期母羊的饲养管理工作日程如表 3 - 5 所示。

表 3 - 5　空怀期母羊的饲养管理工作日程

时　间	饲养管理工作日程安排
6：30～7：30	观察羊群、饲喂、治疗
8：00～8：30	发情检查、配种
9：00～11：30	运动场驱赶运动，清理卫生和其他工作
11：30～14：00	休息
14：00～17：00	放牧或运动场运动，其他工作
17：00～17：30	发情检查、配种
17：30～18：30	饲喂、其他工作

189. 怎样合理饲养妊娠母羊？

（1）妊娠前期　此时胎儿生长发育较慢，重量仅占羔羊初生重的 10％。母羊妊娠第 1 个月左右，此时胎儿尚小，母羊所需的营养物质虽要求不高，但必须营养全面，日粮可由 50％的优质青干草、35％的玉米秸秆或青贮饲料、15％混合精料组成。维生素、微量元素适量，自由舔食盐砖。

（2）妊娠后期　妊娠后期是指母羊妊娠的后 2 个月。这时胎儿生长发育快，且骨骼已有大量的钙、磷沉积。母羊妊娠的最后 1/3 时期，对营养物质的需要增加 40％～60％，钙、磷的需要增加 1～2 倍。此外，母羊自身也需贮备营养，为产后泌乳做准备，在妊娠前期的基础上，能量和可消化粗蛋白质的饲喂量可分别提高 20％～30％和 40％～60％，日粮的精料比例提高到 20％～30％。

190. 如何科学管理妊娠母羊?

对于配种妊娠后的母羊,可在妊娠期母羊的饲养管理工作日程(表3-6)的基础上,具体做好以下几方面的工作:

(1) 做好防流保胎工作　一定要保证饲草、饲料品质优良,严禁饲喂冰冻、发霉、变质和霉变的饲草饲料。每天要密切注意羊只状态,强调"稳、慢",羊只出圈舍要平稳、严防拥挤,不驱赶、不惊吓,提防角斗,不跨沟坎,不让羊走冰滑地,抓羊、堵羊和其他操作时要轻。

(2) 保证清洁的饮水　不饮冰冻水、变质水和污染水,最好饮井水,可在水槽中撒些玉米面、豆面以提高羊只饮水欲。

(3) 做好保温防寒工作　秋、冬季节气温逐渐下降,一定要封好羊舍的门窗和排风洞,防止贼风,以降低母羊能量消耗。

(4) 母羊产前2周管理　应适当控制粗料的饲喂量,尽可能喂些质地柔软的饲料,如氨化、微贮或盐化秸秆以及青绿多汁饲料,精料中要增加麸皮喂量,以利通肠利便。

(5) 围产期护理　若母羊体质好,乳房膨胀并伴有腹下水肿,应从原日粮中减少1/3~1/2的饲料喂量,产羔当天不给母羊喂精料,应喂易消化的青草或干草,饮温热的麸皮水,加放一些食盐和红糖,以防母羊分娩初期乳量过多或乳汁过浓而引起母羊乳房炎、回乳和羔羊消化不良而腹泻。

表3-6　妊娠期母羊的饲养管理工作日程

时　间	饲养管理工作日程安排
5:30~6:00	观察羊只,清洗料槽和水槽
6:00~7:00	饲料的准备与拌料
7:00~9:00	饲喂、休息、运动
9:00~10:30	清扫羊舍、换水
10:30~14:00	羊只运动、休息、反刍,运动场补饲

（续）

时　间	饲养管理工作日程安排
14：00～15：30	观察羊只、清洗料槽，准备饲料、拌料
15：30～17：30	喂料、运动、休息
17：30～18：30	清理羊舍
18：30～5：30	羊只休息

191. 怎样合理饲养泌乳母羊？

（1）哺乳前期　母乳是初生羔羊重要的营养物质，尤其是出生后 15～20 天内。为保证母羊的泌乳力，必须补饲青干草、多汁饲料和精饲料。产单羔的母羊每天补饲混合精料 0.5～0.6 千克，产双羔的母羊和高产母羊每天补给混合精料 0.6～0.7 千克，补饲优质干草 3～3.5 千克，胡萝卜 1.5 千克。

（2）哺乳后期　母羊泌乳能力逐渐下降，但羔羊能采食一定的青草和粉碎的饲料，对母乳的依赖程度减小，饲养上应注意恢复母羊体况和为下一次配种做准备。对于泌乳母羊，一般混合精料可降至 0.3～0.4 千克，青干草 1.0～2.0 千克，胡萝卜 1.0 千克，羔羊断奶前几天，要减少精料的喂量，以免发生乳房炎。

192. 如何科学管理泌乳母羊？

对于泌乳母羊，可在哺乳期母羊的饲养管理工作日程（表 3-7）的基础上，具体做好以下几方面的工作：

（1）产后母羊的护理　应注意保暖、防潮、避免伤风感冒，要保持圈舍卫生干燥、清洁和安静。产羔后 1 小时左右，应给母羊饮 1.0～1.5 升温水或豆浆水，切忌饮冷水。同时要喂给优质干草，产后 3 天内尽量不喂精饲料，以免引发乳房炎。

（2）疾病防疫　产后 30 天进行有关疫苗的预防注射。配种前驱虫，有利于母羊妊娠，防止由寄生虫引起流产。畜卫佳粉剂驱除其体内线虫和体表寄生虫效果好，丙硫苯咪唑能驱除绦虫、吸虫、线虫等，两者合用具有很好的互补作用。

（3）产后配种安排 一般在母羊产后 40～60 天配种，不能自然发情的要进行人工催情。母羊配种前体重每增加 1 千克，产羔率可提高 2.1%。在配种前 20 天增加精饲料的喂量，特别是能量饲料，能明显提高母羊的受胎率。

表 3-7 哺乳期母羊的饲养管理工作日程

时 间	饲养管理工作日程安排
5：30～6：00	观察羊只、清洗料槽和水槽
6：00～7：00	饲料的准备与拌料
7：00～9：00	羔羊吃乳、饲喂、休息、运动
9：00～10：30	清扫羊舍、换水
10：30～12：00	羔羊吃乳、喂料
12：00～14：00	羊只运动、休息、反刍，运动场补饲
14：00～15：30	观察羊只、清洗料槽、准备饲料、拌料
15：30～17：00	羔羊吃乳、喂料、运动、休息
17：00～18：30	清理羊舍、观察羊群、羔羊吃乳
18：30～5：30	羊只休息

193. 怎样合理饲养哺乳羔羊？

（1）早吃初乳，吃好常乳 初乳是母羊分娩后 3～5 天内分泌的乳汁，颜色微黄，比较浓稠，营养十分丰富，含有丰富的蛋白质、脂肪、矿物质等营养物质和抗体，羔羊早吃初乳，可以增强体质，提高抗病能力，并有利于胎粪的排出。

（2）做好寄养工作 对于一些母性差的特别是初产母羊，无护羔经验，产后不哺乳的母羊，这时要把羔羊抱到母羊乳房跟前，帮助羔羊吃乳。同时要给吃不够母乳的羔羊找保姆羊，让保姆羊代喂。

（3）抓好补饲工作　羔羊出生后 10～40 天，应给羔羊补喂优质的饲草和饲料，以促进羔羊瘤胃消化机能的完善，提高采食消化能力。羔羊出生后 10～15 天，即可训练采食干草，其方法是将干草悬吊、投以香料（将豆饼炒熟）诱食。20 日龄左右可训练采食混合精料。为防止浪费，应注意喂量，少给勤添，吃饱为宜。羔羊早期补饲日粮可参考 NRC 推荐的羔羊早期补饲日粮配方（表 3-8）。

表 3-8　NRC 推荐的羔羊补饲日粮配方

（潘越博.2016. 现代肉羊生产技术）

日粮组成	配方 A	配方 B	配方 C
饲料原料/%			
玉米	40.0	60.0	88.5
大麦	38.5	—	—
燕麦	—	28.5	—
麦麸	10.0	—	—
豆饼、葵花籽饼	10.0	10.0	10.0
石粉	1.0	1.0	1.0
加硒微量元素盐	0.5	0.5	0.5
金霉素或土霉素/（毫克/千克）	15.0～25.0	15.0～25.0	15.0～25.0
维生素 A（国际单位/千克）	500	500	500
维生素 D（国际单位/千克）	50	50	50
维生素 E（国际单位/千克）	20	20	20

194.　如何对羔羊实施早期断奶？

（1）确定断奶时间　羔羊早期断奶缩短了母羊的繁殖周期，推进了密集产羔体系的发展。早期断奶的时间一般在羔羊出生后

40～60 天进行。

（2）操作技术　选择适口性好、容易消化吸收、营养价值高的颗粒料为主，将其投放在羔羊补饲槽内，让羔羊自由采食（表3-9）。

表3-9　羔羊哺育期培育方案

日龄	日增重（克）	期末体重（千克）	哺乳次数	哺给全乳量			嫩干草		混合精料		青草或块茎类	
				一次（克）	昼夜（克）	全期（千克）	昼夜（克）	全期（千克）	昼夜（克）	全期（千克）	昼夜（克）	全期（千克）
1～7		4.5	自由	哺乳								
8～10	150	5.0	4	220	880	2.64						
11～20	150	6.5	4	300	1 200	12.0						
21～30	150	8.0	4	350	1 400	14.0	60	0.6				
31～40	150	9.5	4	400	1 600	16.0	80	0.8	50	0.5	80	0.8
41～50	150	11.0	4	350	1 400	14.0	100	1.0	80	0.8	100	1.0
51～60	150	12.5	4	350	1 400	14.0	120	1.2	120	1.2	120	1.2
61～70	150	14.0	3	300	900	9.0	140	1.4	150	1.5	140	1.4
71～80	150	15.5	3	300	900	9.0	160	1.6	180	1.8	160	1.6
81～90	150	17.0	3	300	900	9.0	180	1.8	210	2.1	180	1.8
91～100	150	18.5	2	300	600	6.0	200	2.0	240	2.4	200	2.0
101～110	150	20.0	2	200	400	4.0	220	2.2	270	2.7	220	2.2
111～120	150	21.5	1	200	400	2.0	240	2.4	300	3.0	240	2.4
合　计		21.5				111.64		15.0		16.0		14.4

195. 如何科学管理哺乳羔羊？

（1）母子分群，定时哺乳，羊舍内培育　即白天母子分群，羔羊留在舍内饲养，每天定时哺乳，羔羊在舍内养到1月龄左右时单独放出运动。

（2）母子不分群，一起饲养　羔羊20日龄以后，母子合群饲养。圈舍要保持干燥、卫生、保暖，勤换垫草，并注意观察羔羊的哺乳、精神状态及粪便，发现患病应及时隔离治疗。

（3）做好防寒保温工作　羔羊舍内温度保持在 5℃以上，防止肺炎、腹泻等疾病的发生。

（4）搞好圈舍卫生　保持圈舍卫生，对羊舍及周围环境要严格消毒，对死羔及其污染物及时处理，控制传染源。

196. 如何合理饲养育成羊？

（1）合理分群　断奶后，羔羊按性别、体重、强弱分群。

（2）适当的精料水平　育成羊阶段仍需注意精料量，有优良豆科干草时，日粮中精料的粗蛋白质含量提高到 15%～16%，混合精料中的能量水平占总日粮能量的 70%左右。混合精料日喂量以 0.4 千克为好，同时还要注意矿物质、钙、磷和食盐的补给。

（3）科学饲喂　饲料类型对育成羊的体型和生长发育影响很大，优良的干草、充足的运动是培育育成羊的关键。给育成羊饲喂大量优质干草，不仅有利于其消化器官的充分发育，而且可使育成母羊体格高大，乳房发育明显，产奶量多。

（4）控制配种体重　一般育成母羊在满 8～10 月龄，体重达到 40 千克或达到成年体重的 65%以上时配种。育成公羊需在 12月龄以后，体重达到 60 千克以上时再参加配种。

197. 如何科学管理育成羊？

育成期羊的管理直接影响到羊的提早繁殖，必须予以重视。在放牧时，要注意训练头羊，控制好羊群，放牧行走距离不能过远，舍饲时要加强运动，有利于羊的生长发育和防止形成草腹。育成母羊体重达 35 千克，育成公羊在 1.5 岁以后、体重达到 40千克以上可参与配种，配种前还应保持良好的体况，适时进行配种和采精调教，实现当年母羔 80%参加当年配种繁殖。同时，搞好圈舍卫生，做好羊的防疫、驱虫等日常管理工作。

五、羊的繁殖与改良

198. 怎样组织母羊的发情鉴定工作?

(1) 明确母羊发情规律 母羊发情包括三个方面的变化:一是母羊的精神状态,母羊发情时,常常表现兴奋不安,对外界刺激反应敏感,食欲减退,有交配欲;二是生殖道的变化,外阴松弛、充血、肿胀,阴蒂勃起,阴道充血、松弛并分泌有利于交配的黏液,子宫颈口松弛、肿胀并有黏液分泌;三是卵巢的变化,母羊在发情前 2～3 天卵泡发育很快,卵泡内膜增厚,卵泡液增多,卵泡部分突出卵子表面,卵子被颗粒层细胞包围。绵羊发情持续期一般为 24～36 小时,平均为 30 小时左右,山羊一般为24～48 小时左右,以 40 小时居多。绵羊发情周期平均为 17 天(15～21 天),山羊平均为 21 天(18～24 天)。母羊排卵一般多在发情开始后 12～36 小时,排卵数一般为 1～4 个,卵子排出后保持受精能力的时间为 15～24 小时。

(2) 明确发情鉴定对象 不是对场内所有母羊做发情鉴定,应明确鉴定对象,为了提高工作效率,主要有两类:一类是配种后一个发情周期的母羊,另一类是空怀基础母羊和体成熟的母羊,可根据母羊的行为、食欲变化、外生殖器的变化等判断发情的个体,做到适时配种。

(3) 发情鉴定方法 在实际生产中,羊常用发情鉴定的方法有外部观察法和试情法两种。母羊发情时表现精神兴奋,焦躁不安,目光呆滞,咩叫求偶,频繁摆尾,排尿次数略有增加,外阴部红肿,流露黏液。当有公羊追逐或爬跨发情母羊时,母羊叉开两后腿且站立不动,尾巴上翘,接受公羊交配。同时,可在配种期内,每天早、晚各一次将试情公羊放入母羊群,接受试情公羊爬跨的母羊即为发情羊。

199. 促进母羊发情排卵的措施有哪些?

(1) 异性诱导催情　在母羊群内放入性欲旺盛的试情公羊,由于试情公羊追逐不发情母羊,公羊爬跨以及母羊接触公羊等异性刺激,从而促使母羊发情排卵。

(2) 激素药物催情　对于卵巢功能下降而不发情的经产母羊,注射一定量的雌激素类药物,打破母羊卵巢的静止状态,激发卵巢功能,从而使母羊出现发情并排卵。常用的药物和药剂量为:苯甲酸雌二醇 4～8 毫克;二酚乙烷 8～15 毫克;三合激素(每毫升含丙酸睾丸素 25 毫克、黄体酮 12.5 毫克、苯甲酸雌二醇 1.5 毫克) 0.5～1 毫升。母羊注射药物后即可出现发情征状,但往往在前 1～2 个发情期不排卵,此时需加强营养,改善生活环境,以后母羊的发情期则可排卵,并能配种妊娠。

(3) 孕马全血或孕马血清催情　采集无血液寄生虫和无传染性贫血的妊娠 40～90 天的母马血液 4～8 毫升(立即注射可不加处理),直接注射于母羊颈部皮下。如需保存,采集方法是:将容量为 200 毫升的棕色玻璃瓶洗净,放入化学纯硼砂 4 克、硫代硫酸钠 2 克(或柠檬酸钠 10 克)及蒸馏水 12 毫升,高压消毒,待瓶凉冷后,用无菌方法自母马颈静脉采血,采血过程中,需摇动瓶子,采至 200 毫升刻度后,塞上消毒瓶塞,摇动 15 分钟,置于阴凉处备用。母羊每日注射一次,每次 5～10 毫升,连用 2～3 天,一般在注射后 2～10 天母羊即可发情排卵。

200. 如何制订配种计划?

(1) 季节型产羔　在北方、高原地区或饲养管理粗放的地区,气温的季节性变化明显,有枯草期和旺草期之分,为了提高羔羊成活率和母羊繁殖率,选择一年产 1 胎,通常有冬季产羔和春季产羔两种。如果在当年 8～9 月给母羊配种,羔羊在翌年1～2 月出生,即产冬羔;如果在当年 11～12 月给母羊配种,羔羊在翌年4～5月出生，即产春羔。

（2）密集型产羔 这种生产体系打破了母羊季节性繁殖的限制，一年四季发情配种，全年均衡生产羔羊。第一种是一年两产体系，即第一产宜选在12月，第二产选在7月；第二种是二年三产体系，母羊必须8个月产羔1次，该生产体系一般有固定的配种和产羔计划；第三种是三年四产体系，即产羔间隔9个月设计的，即比如1月、4月、6月和10月产羔，5月、8月、11月和翌年2月配种。

201. 如何确定母羊最佳配种时机？

配种适宜时间，绵羊在发情开始后10～15小时，山羊在发情开始后第2天下午或第3天上午。为不误配种时机，可根据母羊的发情征状人工辅助配种，也可采用重复输精，即在母羊发情后开始接受交配时输精1次，过10～12小时后再复配1次，以此提高母羊的受胎率。

202. 怎样组织自然交配工作？

对于规模较小的农户养的羊、分散的养羊小区或初配母羊，多采用自然交配方法。一旦发现发情母羊并确信达到配种时机，根据母羊体格大小、体质体况，选择与其匹配的健康公羊为配偶，让公羊与母羊交配，然后间隔10～12小时再用同一个体或不同个体复配1次，前者叫重复配，后者叫双重配，配种结束后填好配种记录表。

203. 什么叫人工授精？羊的人工授精的操作环节包括哪些？

羊人工授精是利用假阴道采集种公羊的精液，经过精液品质检查、稀释等一系列处理后，再通过输精器械将精液输入发情母羊生殖道内使母羊受胎。

　　人工授精操作主要步骤：一是人员、器材、药品、假阴道（图3-4、图3-5）和种公羊等的准备；二是人工采精（图3-6）、

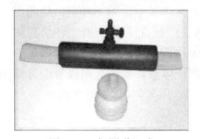

图3-4　假阴道组成

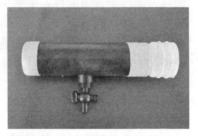

图3-5　装好的假阴道

图3-6　人工采精

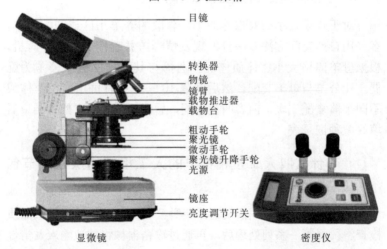

　　目镜

　　转换器
　　物镜
　　镜臂
　　载物推进器
　　载物台

　　粗动手轮
　　聚光镜
　　微动手轮
　　聚光镜升降手轮
　　光源

　　镜座

　　亮度调节开关

显微镜　　　　　　　　　　密度仪

图3-7　精液品质检查仪器

精液品质检查（图3-7、图3-8）与精液稀释；三是母羊的发情
鉴定；四是采用开膛器输精法将合格精液输送到发情母羊子宫内。

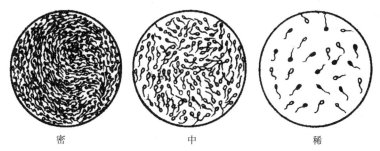

密　　　　　　　　　中　　　　　　　　　稀

图3-8　精子密度检查及结果示意

204. 怎样给发情母羊输精?

（1）输精器械清洗、消毒　输精前对输精器（图3-9）和
开膛器等所有器械蒸煮消毒。

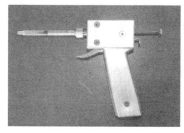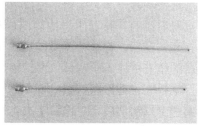

图3-9　输精器

（2）母羊保定　把待输精母羊赶入输精室，如没有输精室，
可在一块平坦的地方进行。母羊的保定，正规操作应设输精架，
若没有，可采用横杠式输精架（图3-10左图）。在地面上埋两
根木桩，相距1米宽，绑上一根5～7厘米粗的圆木，距地面约
70厘米，将待输精母羊的两后腿担在横杠上悬空，前肢着地，1
次可同时放3～5只羊，输精时比较方便。另一种简便的方法是

由辅助员保定（图 3 - 10 右图）母羊，使母羊自然站立在地面上，输精员蹲在输精坑内。还可以由两人抬起母羊后肢保定，高度以输精员能较方便找到子宫颈口为宜。

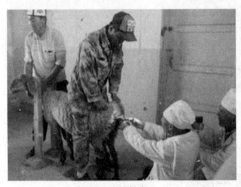

配种架保定   辅助员保定

图 3 - 10 母羊的保定

（3）输精方法 将母羊外阴部用来苏儿溶液擦洗消毒，再用清水冲洗擦干净，或用生理盐水棉球擦洗。输精人员将用生理盐水湿润过的开膣器闭合按阴门的形状慢慢插入并轻轻转动 90°，打开开膣器。将输精器慢慢插入子宫颈口内 0.5～1 厘米，将所需的精液量注入子宫颈口内。输精量应保持在有效精子数 7 500 万个以上，即原精液量 0.05 ～0.1 毫升。为提高受胎率，每只羊一个发情期内至少输精 2 次，每次间隔 8～12 小时。

205. 怎样推算羊的预产期？

羊从开始配种妊娠到分娩的期间叫妊娠期，羊的妊娠期一般150 天左右，但随品种、个体、年龄、饲养管理条件的不同而异，如早熟的肉、毛兼用或肉用绵羊品种的妊娠期较短，平均145 天左右，细毛羊品种妊娠期 150 天左右。羊的预产期可用公式推算：即配种月份加 5，配种日期数减 2，有时可减去所经过的大月数。

206. 怎样确定母羊是否妊娠？

（1）外部观察法　母羊妊娠后，在孕激素的制约下，发情周期停止，不再表现有发情征状，性情变得较为温顺。同时，妊娠羊的采食量增加，毛色变得光亮润泽。但这种方法不易早期确切诊断母羊是否妊娠，因此还应结合触诊法来确诊。

（2）直肠-腹壁触诊法　用肥皂水灌洗待检查母羊直肠，排出粪便后使其仰卧，然后用直径 1.5 厘米、长约 50 厘米，前端圆如弹头状的光滑木棒或塑料棒做触诊棒，涂抹润滑剂，经母羊肛门向直肠内插入 30 厘米左右（注意贴近脊椎），一只手用触诊棒轻轻将直肠挑起以便托起胎胞，另一只手则在腹壁上触摸，如有包块状物体即表明未妊娠。此法一般在配种后 60 天进行，准确率可达 95％，85 天后准确率达 100％。但在使用此法时，动作要小心，以防损伤直肠触及胎儿过重引起流产。

（3）超声波诊断法　目前超声波探测仪有 A 超和 B 超，A超主要探测是否妊娠，B 超主要探测胎儿生长发育情况，用它做早期妊娠诊断便捷可靠。其方法是：将待检查母羊保定后，选择母羊乳房两侧及膝皱襞之间无毛区域涂上凡士林或石蜡油，将超声波探测仪的探头对着骨盆入口方向探查，左右两侧各做 15°～45° 摆动，然后贴随皮肤移动点再做摆动，同时密切注意屏幕上出现的图像以进行识别。在母羊配种 40 天以后，用这种方法诊断，准确率较高。超声波诊断仪如图 3-11 所示。

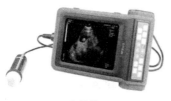

B 超仪　　　　　　　　　　　　A 超仪

图 3-11　超声波诊断仪

207. 怎样做好接产前的准备工作？

（1）产房、用具及药品的准备　临产前，应修整产房，做好产房的防寒保温工作，搞好圈舍卫生，墙壁和地面要用2％的氢氧化钠溶液彻底消毒，然后铺上干净柔软的褥草。

（2）随时观察产前母羊的外阴部、乳房、骨盆、行为等方面的变化　临近分娩时，阴唇肿胀、充血且皱襞展开，可以从乳头中挤出少量清亮胶状液体或少量初乳，乳头增大变粗；母羊精神不安，食欲减退，回顾腹部，时起时卧，不断努责和鸣叫，骨盆韧带活动性增强，尾根明显凹陷。

208. 如何给分娩母羊助产？

母羊生产多数能正常进行，羊膜破水后10～30分钟，羔羊即能顺利产出，两前肢和头部先出，当头也露出后，羔羊就能随母羊努责而顺利产出。产双羔时，先后间隔5～30分钟，个别时间会更长些，母羊产出第1只羔羊后，仍表现不安，卧地不起，或起来又卧下或努责等，就有可能是双羔，此时用手在母羊腹部前方用力向上推举，则能触到一个硬而光滑的羔体。经产母羊产羔较初产母羊要快。

羔羊产出后，应迅速将羔羊口、鼻、耳中的黏液抠出，以免引起窒息或异物性肺炎。羔羊身上的黏液必须让母羊舔净，既可促进新生羔羊血液循环，又有助于母羊认羔。冬天接产工作应迅速，避免羔羊感冒。

羔羊出生后，一般母羊站起时脐带自然断裂，这时用0.5％碘酒在断端消毒。如果脐带未断，先将脐带内血向羔羊脐部挤压，在离羔羊腹部3～4厘米处剪断，涂抹碘酒消毒。胎衣通常在母羊产羔后0.5～1小时能自然排出，接产人员一旦发现胎衣排出，应立即取走，防止母羊吃胎衣后养成咬羔、吃羔等恶癖。

209. 母羊难产怎么处理？

羊膜破水 30 分钟后，如母羊努责无力，羔羊仍未产出时，应立即助产。助产人员应将手指甲剪短、磨光，消毒手臂，涂上润滑油，根据难产情况采取相应的处理方法。如胎位不正，先将胎儿露出部分送回阴道，将母羊后躯抬高，手入产道校正胎位，然后才能随母羊有节奏的努责将胎儿拉出；如胎儿过大，需要用专用扩张器对难产母羊实施阴门扩张术后，接羔人员可抓住胎儿的两只前腿，随母羊努责节奏轻轻向下拉，母羊不努责时，再将拉出部分送进去，母羊再次努责时，再按同样的方法向外拉，如此反复三四次后，阴门就会有所扩张，这时，接羔人员一手拉住羔羊的两前肢，一手扶着羔羊的头顶部，另一人护住母羊阴门，伴随着母羊的努责缓慢用力，将胎儿拉出体外。若羔羊体重过大，母羊难以产出时，需进行剖宫产手术。

210. 分娩过程中，出现假死羔羊如何救治？

产出后的羔羊发育正常，不呼吸，但心仍跳动，称为假死。对假死的羔羊抢救方法很多，首先清除呼吸道内吸入的黏液、羊水，擦净鼻孔，向鼻孔吹气或进行人工呼吸；或提起羔羊两后肢，悬空并拍击其背、胸部；或是让羔羊平卧，保持前低后高，手握前肢，反复前后屈伸，然后用手轻拍胸部两侧等。

211. 新生羔羊如何护理保健？

母羊分娩后，应保证羔羊在初生后半小时内吃到初乳，吮乳前，先应剪去母羊乳房周围的长毛，用温水清洗乳房，擦干后，挤出陈乳并废弃，帮助羔羊吃到新鲜初乳。当母羊乳汁不足，吃不到初乳的羔羊，最好能让其吃到其他母羊的初乳，否则羔羊很难成活。同时，由于刚出生的羔羊被毛稀短，皮下脂肪薄，抗寒能力差，要在羔羊活动和躺卧的地方铺设垫草，有条件时在羔羊躺卧的地方用电热板取暖，在羔羊够不着的头顶上方悬挂保温灯，这样有利于羔羊的保温防寒，当然还得注意羔羊的精神状态、活动、吃乳和排泄情况等，发现异常，及时处理。

212. 产后母羊如何护理保健？

母羊产后应充分休息，同时饮用温度为 25～30℃的温开水，最好加适量由食盐、红糖和麦麸或益母草等混合后的麸皮盐水汤，忌饮冷水。同时，母羊分娩后一般 1 小时左右胎盘会自然排出，应及时取走胎盘，防止母羊吞食养成恶习。若产后 2～3 小时母羊胎衣仍未排出，应及时采取措施。

六、羊场卫生保健与疫病防治

213. 如何正确选用消毒剂？

羊场的消毒制度应结合本场的实际情况制定，要定期对羊舍、用具、地面、粪便、污水和皮毛等进行消毒。通常根据消毒目的和对象、消毒剂的作用机理与适用范围，选择最适宜的消毒剂（表 3-10）。

表 3-10　不同消毒对象的消毒剂选择

（潘越博.2016. 现代肉羊生产技术）

消毒对象	消毒剂名称
皮肤	苯扎溴铵、氯己定、乙醇、碘酊
黏膜	过氧化氢溶液、硼酸、高锰酸钾
羊舍、兽医室、接种室的空气	甲醛＋高锰酸钾、过氧乙酸
圈舍地面	石灰乳或生石灰、次氯酸钠、草木灰、氢氧化钠

（续）

消毒对象	消毒剂名称
运动场地	次氯酸钠、石灰乳
消毒池	氢氧化钠、甲酚皂溶液
兽医器械	苯扎溴铵、甲酚皂溶液、氯己定
饲养设备和用具	次氯酸钠、过氧乙酸、氢氧化钠
动物及其产品运载工具	氢氧化钠、次氯酸钠、甲醛
皮张、毛	盐酸、氢氧化钠、过氧乙酸
粪便	次氯酸钠、生石灰、草木灰

214. 怎样对人员、车辆、羊舍及场区等进行消毒？

（1）人员消毒　羊场生产区入口处设置更衣室与消毒室，更衣室内配备消毒设施。出入生产区的工作人员必须进行洗澡、消毒，入场时更换工作服。背负式电动喷雾器如图 3-12 所示；喷雾消毒车如图 3-13 所示；洗手消毒池如图 3-14 所示；喷雾消毒室如图 3-15 所示。

图 3-12　背负式电动喷雾器

图 3-13　喷雾消毒车

图 3-14 洗手消毒池　　　　图 3-15 喷雾消毒室

（2）车辆消毒　羊场大门入口处供车辆通行的道路上应设置消毒池，其宽度与大门相同，长度为车辆车轮周长的 1.5～2.5 倍，深度在 10 厘米以上。消毒池内放置浸有 4%氢氧化钠溶液的消毒垫或铺设一层厚度为 1 厘米左右的生石灰，对过往车辆进行消毒，每周更换药液或生石灰 1 次。车辆消毒池如图 3-16 所示。

图 3-16 车辆消毒池

（3）场区及羊舍消毒　场区要保持整齐、干净卫生，通常每 15 天消毒 1 次。羊舍每天进行清扫，保持整齐、卫生，做到无污水、无污物、臭气少，每周消毒 1～2 次，羊舍每年要求有 2～3 次空舍消毒。

215. 如何对基础母羊和种公羊进行驱虫？

（1）基础母羊的驱虫　基础母羊在配种前25天进行首次驱虫，间隔7天再进行第2次驱虫。但经过妊娠诊断确认妊娠的母羊暂不驱虫，等到分娩产羔后进行驱虫。

（2）种公羊的驱虫　一般在每年的春季和秋季各驱虫1次，每次驱虫后间隔10天再驱虫1次。

216. 如何对羔羊和育成羊进行驱虫？

（1）羔羊的驱虫　由于羔羊正处于生长发育阶段，尤其体温调节机能不完善，一般在出生后50～60日龄第1次驱虫，90日龄第2次驱虫，以后每间隔3个月驱虫1次。

（2）育成羊的驱虫　与种公羊的驱虫相同，一般每年驱虫2次（春、秋两季），每次驱虫后10天补驱1次。

217. 怎样修建药浴池？

（1）大型药浴池　大型药浴池，可供大型羊场或养殖比较集中的乡村药浴用。药浴池可用水泥、实心砖、石块等材料砌成，呈长方形水沟状。药浴池一般长10～12米，深度为1.0米，上口宽60～80厘米，下口宽30～50厘米（图3-17、图3-18、图3-19），以1只羊能通过而不能转身为宜。药浴池的入口处为陡坡，以利于羊只迅速入池，出口端为台阶式缓坡，以便羊药

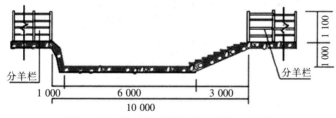

图3-17　羊药浴池纵剖面（单位：毫米）

浴后容易出池，并使羊体上余存的药液回流到药浴池。

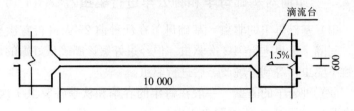

图 3-18　羊药浴池平面（单位：毫米）

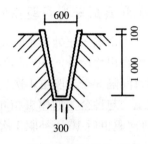

图 3-19　羊药浴池横剖面（单位：毫米）

（2）小型药浴槽、浴桶、浴缸　羊群数量小的情况下，一般用浴槽（图 3-20）、浴桶、浴缸等进行药浴。小型浴槽液量为1 400升，可同时将 2 只成年羊或 3～4 只小羊一起药浴。

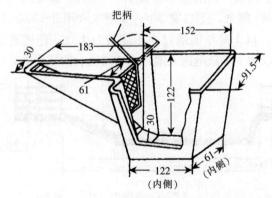

图 3-20　小型药浴槽示意（单位：厘米）

（3）帆布药浴池 帆布药浴池为直角梯形，一般用防水性能好且耐腐蚀性的帆布制作。上边长 3.0 米、下边长 2.0 米、深 1.1 米、宽 0.7 米，容积约 2.3 米^3，外侧固定套环，安装前按药浴池的大小形状挖一土坑，然后放入帆布药浴池，四边的套环用铁钉固定，加入药液既可进行工作。用后洗净，晒干。

（4）淋浴式药浴池 淋浴式药浴装置（图 3-21）为一个直径 8～10 米、高 1.5～1.7 米的圆形淋场，由入口小、后端大的待浴羊圈、滤淋栏、进水池和过滤池等部分组成。羊群药浴时，把羊赶入待浴羊圈，关闭待浴羊圈入口，打开淋场门使羊群进入淋场，关闭淋场入口，开动药浴装置即行药浴。机械化淋浴装置的主要特点是不用人工抓羊，节省劳力，降低劳动强度，提高工作效率，避免羊只伤亡。但其建筑费用高，适合于大型羊场或养羊非常集中的地区。

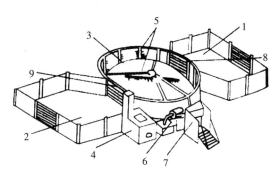

图 3-21 淋浴式药浴装置

1. 待浴栏 2. 浴后栏 3. 药浴场 4. 炉灶及热水箱 5. 喷头
6. 水泵 7. 控制台 8. 药浴场入口 9. 药浴场出口

218. 怎样组织羊的药浴工作？

为预防和驱除羊体外寄生虫，避免疥螨病的发生，每年应在剪毛后 10 天左右进行药浴。

（1）常用的药液及剂量 药浴时选择合适的药品以及配制适

宜的浓度等，对羊群药浴效果至关重要。在养羊生产实践中，羊药浴常用的药液及剂量如表 3-11 所示（供广大养羊户参考）。

表 3-11 羊药浴常用的药液及剂量

（潘越博.2016.现代肉羊生产技术）

药液名称	使用剂量	药液名称	使用剂量
精制敌百虫	0.5%～1%	速灭菊酯	80～200 毫克/千克
辛硫磷	0.05%	溴氰菊酯溶液	50～80 毫克/千克
氰戊菊酯	0.1%		

（2）药浴方法 常用的药浴方法有池浴、淋浴和盆浴三种。池浴和淋浴适用于大型羊场，农区饲养羊只数量较少的农户一般采用盆浴。

（3）药浴注意事项 药浴前 8 小时停止喂料，药浴前 2～3 小时需供给羊只充足的饮水，以免药浴时羊口渴而吞饮药浴液；先药浴健康的羊只，后药浴疥癣病的羊只，保证羊只全身进行药浴；凡妊娠 2 个月以上的母羊，禁止药浴，以免流产；药浴应选择天气晴朗时进行，有牧羊犬时，牧羊犬也应与羊群同时药浴；工作人员要戴好橡皮手套和口罩，以防中毒。

219. 如何正确选用疫苗？

疫苗是由免疫原性较好的病原微生物经繁殖和处理后制成的制品，接种于动物机体后，刺激机体产生特异性抗体。当体内的抗体滴度达到一定数值后，就可以抵抗这种病原微生物侵袭、感染，预防疾病发生。

疫苗可分为细菌性疫苗和病毒性疫苗两大类。由细菌、支原体、螺旋体等制成的疫苗为细菌性疫苗，细菌性疫苗包括活菌疫苗和死菌疫苗两类。由病毒制成的疫苗称为病毒性疫苗，病毒性疫苗包括活病毒疫苗和死病毒疫苗两大类。

购买的疫苗应是国家指定的有生产批号的兽药生物制品生产单位生产的，经实践证明免疫性能较理想的疫苗。

220. 怎样保存和运输疫苗？

购买后的疫苗应尽快使用或发放，活疫苗一般在−15℃条件下保存，灭活苗在2～8℃条件下保存。在疫苗运输过程中，应保持冷链运输系统的正常工作，疫苗要由冷库或温库进入冷藏车，或将疫苗装入备有冰块的保温箱内运输。

221. 怎样规范使用疫苗？

①制定合理的免疫程序。

②应仔细检查疫苗瓶子是否有裂纹、瓶内是否有异物。

③检查瓶签所标明的生产日期和失效期。

④接种疫苗期间，最好不使用抗生素，因为抗生素对细菌性活疫苗具有抑杀作用，对病毒性疫苗也有一定程度的影响。

⑤疫苗稀释后应立即使用，并于4小时内用完。

⑥使用疫苗时，严禁用热水、温水或含氯等消毒剂的水稀释。

⑦饮水免疫时，忌用金属容器。鸡群在饮水前要停水4～6小时，时间长短可根据温度高低适当调整，要保证每只鸡都能充分饮水。

⑧注意疫苗的使用方式，如鸡痘、喉气管等疫苗需刺种或抹擦的不能肌内注射。

⑨注射接种时，要一畜（禽）一针头，避免交叉感染。

⑩使用后的注射器、疫苗瓶或剩余的疫苗，不要随意乱扔，需经高温处理后深埋。

222. 怎样制定免疫程序？

羊场应按照年免疫接种方案进行预防。羊群每年应免疫接种

2次，分别在春季（3月）和秋季（9月）进行，具体免疫接种程序见表3－12。并根据周边实际情况需要，加强对羊群口蹄疫、炭疽、大肠杆菌病、布鲁氏菌病、羊痘等传染性疾病的预防。接种疫苗前，应对接种的羊群进行健康状况、年龄、妊娠、泌乳以及饲养管理等全面的检查和掌握。每次接种疫苗后应进行详细的记录，有条件的羊场还可进行定期抗体监测。

223. 如何做好羊群春、秋两季的免疫工作？

羊群春、秋两季的免疫程序如表3－12所示。

表3－12　羊群春、秋两季的免疫程序

免疫时间		免疫羊群	疫苗名称	预防疾病
春季	妊娠母羊产前1个月	妊娠羊	破伤风类毒素	破伤风
	2月下旬至3月上旬	成年羊	羊梭菌病三联苗或五联苗	羊快疫、羊肠毒血症、羊猝疽、羔羊痢疾（五联苗还可预防羊黑疫）
	羊妊娠前或妊娠后1个月	母羊	羊衣原体病灭活疫苗	羊衣原体病
	2～4月	全部羊	山羊痘活疫苗	羊痘
	3月	全部羊	羊口疮弱毒疫苗	羊口疮
	3～4月	全部羊	羊链球菌病灭活疫苗	羊链球菌病
	3月上旬	全部羊（母羊产后1个月）	牛口蹄疫灭活疫苗	口蹄疫
秋季	羊妊娠前或妊娠后1个月	母羊	羊衣原体病灭活疫苗	羊衣原体病

（续）

免疫时间		免疫羊群	疫苗名称	预防疾病
秋季	9月	全部羊（母羊配种前）	牛口蹄疫灭活疫苗	口蹄疫
	9月下旬	全部羊	羊梭菌病三联苗或五联苗	羊快疫、羊肠毒血症、羊猝疽、羔羊痢疾（五联苗还可预防羊黑疫）
	9月	全部羊	羊口疮弱毒疫苗	羊口疮
	9月	全部羊	羊链球菌病灭活疫苗	羊链球菌病

224. 如何做好肉羊主要传染病的防疫工作？

羊主要传染病常用疫苗、用法用量及免疫期如表 3-13 所示。

表 3-13 羊主要传染病常用疫苗

病名	疫苗名称	用途	用法与用量（每只）	免疫期
口蹄疫	牛口蹄疫 O 型灭活苗	预防羊 O 型口蹄疫	肌内注射：1 岁以上羊 1 毫升，1 岁以内羊 0.5 毫升	6 个月
	口蹄疫 O 型鼠化弱毒活苗	预防 4 月龄以上羊 O 型口蹄疫	皮下注射 1 毫升	6~8 个月
	口蹄疫 O 型、亚洲 I 型二价灭活疫苗	预防羊 O 型和亚洲 I 型口蹄疫	后肢肌内注射：成年羊 1 毫升，羔羊 0.5 毫升	6 个月
	牛口蹄疫 O 型、A 型二价灭活苗	预防羊 O 型、A 型口蹄疫	肌内注射：1 岁以上羊 1 毫升，1 岁以内羊 0.5 毫升	6 个月

（续）

病名	疫苗名称	用途	用法与用量（每只）	免疫期
羊梭菌病	羊梭菌病多联灭活苗	预防羊快疫、羔羊痢疾、羊猝疽、羊肠毒血症和羊黑疫	皮下或肌内注射 5 毫升	6～12个月
	羊梭菌病多联干粉灭活疫苗	预防羊快疫、羔羊痢疾、羊猝疽、羊肠毒血症、羊黑疫、肉毒梭菌中毒症和破伤风	皮下或肌内注射 1 毫升	12个月
肉毒梭菌中毒症	肉毒梭菌中毒症C型灭活疫苗	预防绵羊的C型肉毒梭菌中毒	皮下注射：常规苗绵羊4毫升，透析苗绵羊1毫升	绵羊12个月
羊大肠杆菌病	羊大肠大肠杆菌病灭活疫苗	预防绵羊、山羊大肠杆菌病	皮下注射：3月龄以上羊2毫升，3月龄以下羊0.5～1毫升	5个月
	绵羊大肠大肠杆菌病活疫苗	预防绵羊大肠杆菌病	皮下注射1头份	6个月
羊痘	山羊痘活疫苗	预防山羊痘和绵羊痘	尾根内侧或股内侧皮内注射0.5毫升	12个月
	绵羊痘活疫苗	预防绵羊痘	用法和用量同山羊痘活疫苗	12个月
羊支原体肺炎性肺炎	羊支原体肺炎灭活疫苗	预防羊支原体性肺炎	颈部皮下注射：成年羊5毫升，6月龄以下羔羊3毫升	18个月

（续）

病名	疫苗名称	用途	用法与用量（每只）	免疫期
炭疽	Ⅱ号炭疽芽孢苗	预防羊炭疽	皮下注射 1 毫升，或皮内注射 0.2 毫升	山羊 6 个月、绵羊 12 个月
	山羊炭疽疫苗	预防山羊炭疽	颈部皮下注射，6 月龄以上山羊 2 毫升	6 个月
羊链球菌病	羊链球菌病灭活疫苗	预防羊链球菌病	皮下注射 5 毫升	6 个月
	羊链球菌病活疫苗		尾根皮下注射，6 月龄以上羊 1 毫升	12 个月
布鲁氏菌病	布鲁氏菌病活疫苗（米 5）	预防绵羊、山羊布鲁氏菌病	皮下注射 10 亿个活菌，滴鼻 10 亿个活菌，室内气雾 10 亿个活菌，室外气雾 50 亿个活菌，口服 250 亿个活菌	24 个月
	布鲁氏菌病活疫苗（米 2）		口服 100 亿个活菌，间隔 1 个月，再服用 1 次；皮下或肌内注射，山羊 25 亿个活菌，绵羊 50 亿个活菌	36 个月
羊口疮	羊口疮弱毒疫苗	预防羊口疮	口腔黏膜内注射 0.2 毫升	6 个月
破伤风	破伤风类毒素	预防羊破伤风	皮下注射 0.5 毫升	12 个月
	破伤风抗毒素	预防和治疗羊破伤风	皮下、肌内或静脉注射，预防 1 200～3 000 国际单位，治疗 5 000～20 000 国际单位	2～3 周

（续）

病名	疫苗名称	用途	用法与用量（每只）	免疫期
狂犬病	狂犬病灭活疫苗	预防羊狂犬病	皮下或肌内注射 10～25 毫升	6个月
伪狂犬病	伪狂犬病活疫苗	预防绵羊伪狂犬病	肌内注射，4 月龄以上绵羊 1 毫升	12个月
	伪狂犬病灭活疫苗	预防山羊伪狂犬病	颈部皮下注射 5 毫升	6个月
羊气肿疽	气肿疽灭活疫苗	预防羊气肿疽	皮下注射 1 毫升	6个月
羊衣原体病	羊衣原体病灭活疫苗	预防羊衣原体病	皮下注射 3 毫升	6个月

225. 如何对成年羊进行免疫接种？

成年母羊免疫程序如表 3-14 所示。

表 3-14　成年母羊免疫程序

接种时间	疫苗	接种方法	免疫期
配种前2周	O型口蹄疫灭活苗	肌内注射	6个月
	羊梭菌病三联四防灭活苗	皮下或肌内注射	6个月
配种前1周	羊链球菌病灭活苗	皮下注射	6个月
	Ⅱ号炭疽芽孢苗	皮下注射	山羊6个月、绵羊12个月
产后1个月	O型口蹄疫灭活苗	肌内注射	6个月
	羊梭菌病三联四防灭活苗	皮下或肌内注射	6个月
	Ⅱ号炭疽芽孢菌	皮下注射	山羊6个月、绵羊12个月

（续）

接种时间	疫苗	接种方法	免疫期
产后1.5个月	羊链球菌病灭活苗	皮下注射	6个月
	山羊传染性脑膜肺炎灭活苗	皮下注射	1年
	布鲁氏菌病灭活苗	肌内注射或口服	3年
	山羊痘灭活苗	尾根皮内注射	1年

226. 如何对羔羊进行免疫接种？

羔羊的免疫接种程序如表3-15所示。

表3-15　羔羊的免疫接种程序

接种时间	疫苗	接种方式	免疫期
7日龄	羊传染性脓疱皮炎灭活苗	口唇黏膜注射	1年
15日龄	山羊传染性胸膜肺炎灭活苗	皮下注射	1年
2月龄	山羊痘灭活苗	尾根皮内注射	1年
2.5月龄	O型口蹄疫灭活苗	肌内注射	6个月
3月龄	羊梭菌病三联四防灭活苗	皮下或肌内注射（第1次）	6个月
	气肿疽灭活苗	皮下注射（第1次）	7个月
3.5月龄	羊梭菌病三联四防灭活苗	皮下或肌内注射	山羊6个月绵羊6个月
	Ⅱ号炭疽芽孢菌	皮下注射	12个月
	气肿疽灭活苗	皮下注射（第2次）	7个月
产羔前6～8周（母羊、未免疫）	羊梭菌病三联四防灭活苗破伤风类毒素	皮下注射（第1次）肌内或皮下注射（第1次）	山羊6个月、绵羊12个月
产羔前2～4周（母羊）	羊梭菌病三联四防灭活苗破伤风类毒素	皮下注射（第2次）皮下注射（第2次）	山羊6个月、绵羊12个月

（续）

接种时间	疫苗	接种方式	免疫期
4 月龄	羊链球菌病灭活苗	皮下注射	6 个月
5 月龄	布鲁氏菌病活苗（羊 2 号）	肌内注射或口服	3 年
7 月龄	O 型口蹄疫灭活苗	肌内注射	6 个月

227. 如何通过观察精神状态来发现病羊？

在静止状态下，健康羊表现安静，眼睛有神，对外界反应灵敏，患病羊则精神萎顿，不愿抬头，对外界反应迟钝。无病羊双耳经常竖立而灵活，病羊头低耳垂，耳不摇动。放牧时，健康羊跟群争食，采食速度较快，患病羊则常常离群落伍，甚至停食，呆立或卧地不起。休息时，健康羊时常分散卧在圈内，呈斜卧姿势，前后肢屈于腹下或左后肢向左侧伸出，头颈抬起，频频反刍，人走近时，起立远避，患病羊则常挤在一起，四肢屈于腹下，头颈向腹部弯曲，反刍减少或停止，人走近时不躲避。有时病羊不卧地休息而是四处奔走并在墙壁或圈门上乱蹭。在临床上，精神兴奋、情绪烦躁多属热性病表现；精神沉郁多属患病后期或慢性病、消耗性疾病的表现；精神萎靡、意识不清多属危症病例。

228. 如何通过观察被毛与皮肤来发现病羊？

健康羊的皮毛光润有弹性，平整有光泽，眼结膜、口腔和鼻腔黏膜呈淡红色，鼻镜湿润发红。患病羊的皮毛粗糙、无光泽，容易脱落，眼结膜等可视黏膜发红、苍白，或呈黄色、赤红色，有时有溃烂、脓肿现象。有些病可致使羊皮肤出现疹块、溃烂、红肿等。羊出现皮毛粗糙或换毛迟缓可能患有慢性病或长期消化不良；脱毛结痂，皮肤增厚可能患疥癣或湿疹；皮肤出现痘疹，可能患羊痘。在检查皮肤时，除了注意皮肤的外观，还要触摸皮肤，注意其弹性和有无水肿，如颌下、胸下、腹下等皮肤有水肿可能患重症寄生虫病。

229. 如何通过检查可视黏膜来发现病羊？

可视黏膜包括眼结膜、鼻黏膜、口腔黏膜等。检查时应在光线充足的地方进行。但应避免光线直接照射。注意黏膜有无苍白、潮红、发绀、黄染、有无肿胀、出血、溃疡及分泌物的性状。健康羊的眼结膜、鼻、口腔黏膜呈粉红色，且光滑、湿润，如果出现其他颜色，则可能生病。翻开羊上下眼睑，或检查口、鼻腔黏膜时，如发现黏膜苍白，则是贫血的表现；如黏膜发黄，见于各种原因引起的肝脏病变、胆管阻塞或溶血性贫血等；患吸虫病、弓形虫病也可能出现黄染；如黏膜呈紫红色（也称发绀），是严重缺氧的征兆，见于呼吸困难性疾病、中毒病或某些病的重危期；如眼结膜有出血点或出血斑，多是出血性疾病或中毒的表现。

230. 如何通过观察饮、食欲来发现病羊？

健康羊只喂料时表现出良好的食欲，健康的羊采食集中，每次采食大约 30 分钟后开始反刍 30～40 分钟，一般每口食物咀嚼 40～60 次，一昼夜反刍 6～8 次。羊只吃草或饮水忽然增多或减少、舔泥土、长时间啃食草根等，可能是某些营养物质缺乏导致的慢性营养不良；若羊只反刍减少、无力或停止，表示羊的消化功能存在问题。不食不饮说明病情严重，若想吃而不敢咀嚼，要检查口腔和牙齿有无异常病变。热性病的初期，常表现为饮水量增加。

231. 怎样根据粪、尿变化来发现病羊？

正常羊粪呈小球形，灰黑色、软硬适中。如粪便过干小、色黑，可能缺水或是胃肠道运动迟缓。如粪便出现特殊臭味或过于稀薄，多是各种类型的急慢性肠炎所致。粪便呈黑褐色，说明前段消化道出血；粪便为暗红色为后段肠道出血。当粪便混有大量黏液或附有黏膜样物并带有腥臭或恶臭时，表示胃肠道有炎症；当混有谷粒或粗大纤维时，表示消化不良；当混有寄生虫或节片时，表示体内有寄生虫。健康羊尿液清亮、无色或微黄，每天排尿3～4次。羊排尿次数过多或过少，尿量过多或过少，尿液颜色发生变化时，都是有病的征兆。如患焦虫病的羊，尿液为黄红色。

232. 怎样给羊口服给药？

（1）自由采食法　多用于大群羊的预防性治疗或驱虫。将药按一定比例均匀地拌到饲料或饮水中，让羊自由采食或饮用。一般不溶于水的药物多拌到饲料中更为适宜，适用于长期投药，但要特别注意将药与饲料混合均匀，以免发生中毒，有些中草药混饲时要少喂多添。混水给药对拒食但可以饮水的病羊尤其适用，在给药前应停止饮水半天，以保证每只羊能喝到一定量的水。用此法需注意所用药物应溶于水，并在一定时间内让每只羊喝到水，防止某些药物长期在水中变质而失效。

（2）长颈瓶投药法　适用于稀释后的药液。将药液装入长颈的橡皮瓶、塑料瓶或酒瓶内，抬高羊的头部，使口角与眼水平，操作者右手拿药瓶，左手的食、中二指自羊右口角伸入口中，轻轻按压舌面，羊口即张开，右手将长颈瓶口从右口角插入口中，并将左手抽出，待瓶口伸到舌面中部，即可抬高瓶底将药物灌入。

（3）药板给药法　将药物按一定剂量混入面糊内，做成舐剂。投药时应使用表面光滑、无棱角的竹质或木质的舌形药板，操作者站在羊的右面，用左手的食、中二指自羊右口角伸入口中，压住舌面，同时大拇指抵住上颌或将舌拉出，使其口张开，右手持药板，用药板前部抹取药物，迅速从右口角送入口内达舌根部，翻转药板，把药抹在舌根部，待羊咽下后再抹第二次，如此反复进行直至把药给完。此法也可用于丸剂或片剂的投服，也可不用药板，直接用右手将药丸或药片送到舌根部即可。

233. 怎样给羊胃管投药？

给羊胃管投药可通过两种方法，即鼻腔插入和口腔插入。

（1）经鼻腔插入 先将胃管插入鼻孔，沿下鼻道慢慢送入，到达咽部时，有阻挡感觉，待羊进行吞咽动作时趁机将胃管送入食道；如不吞咽，可轻轻来回抽动胃管，诱发吞咽。胃管经过咽部后，如进入食道，继续送感到稍有阻力，这时要向胃管内用力吹气，或用橡皮球打气，如见右侧颈沟有起伏，表示胃管已进入食道。如胃管已进入食道，继续深送，即可到达胃内。

（2）经口腔插入 先装好木质开口器，用绳固定在羊头部，将胃管通过木质开口器的中间孔，沿上腭直插入咽部，借吞咽动作胃管可顺利进入食道，继续深送，胃管即可到达胃内。胃管正确插入胃内时，胃管向前推动有一定阻力，从胃管内排出酸臭气体，将胃管放低时则流出胃内容物。如误插入气管时，胃管向前推动无阻力，病羊表现为咳嗽不止、气喘、挣扎和不安等，从胃管排出的气体与呼吸节律相一致，此时应将胃管即刻拔出重新插送。当确认胃管插入正确后，即可接上漏斗灌药。药液灌完后，再灌少量清水，然后去掉漏斗，用嘴吹气，或用橡皮球打气，使胃管内残存的药液完全入胃，用拇指堵住胃管管口，或折叠胃管慢慢抽出。该法适用于灌服大量水剂及有刺激性的药液。患咽炎、咽喉炎或咳嗽严重的病羊，不可使用胃管投药。

234. 怎样给羊打针？

（1）皮内注射 主要用于皮内变态反应诊断，常在羊的颈部两侧部位。局部剪毛，碘酊消毒后，使用小型针头，以左手大拇指和食指、中指绷紧皮肤，右手拿注射器，使针头几乎与注射部位的皮肤表面呈平行方向刺入，至针头斜面完全进入皮内后，放松左手，在针头与针筒交界处压迫固定针头，右手注入药液，至皮肤表面形成一个小圆形肿块即可。

（2）皮下注射　是将药液注射到皮肤和肌肉之间。注射部位多在颈侧或股内侧等皮肤容易移动的部位。此法常用于易溶、无刺激性的药物及某些疫苗等注射，如阿托品、肾上腺素、阿维菌素、炭疽芽孢苗等。注射方法：局部剪毛消毒后，操作者左手拇指和中指捏起皮肤，使皮肤形成皱褶，右手拿注射器，使针头与皮肤成 30° 角，在皱褶基部刺入针头达皮下，如针头能左右自由活动，即可注入药液。注药时，左手固定住针头与注射器的接合部，防止药液漏出，右手将药液推进。注射完后左手轻压皮肤，右手拔出针头，局部涂擦 5% 的碘酊消毒注射部位。当羊骚动不安或用玻璃注射器注射时，一般先将针头刺入皮下，然后再安上注射器进行注射。

（3）肌内注射　羊的肌内注射部位在颈侧肌肉丰满处，此法适用于刺激性较大、吸收缓慢的药液，如青、链霉素以及一些疫苗的注射。注射时，左手大拇指、食指分开，压紧注射部位的皮肤，右手持注射器，使针头与皮肤垂直，迅速刺入肌肉内。注入药液前，先将注射器的内塞回抽一下，如无回血，即可缓慢注入药液。

（4）静脉注射　当需药物迅速发生药效，或药物有强烈刺激性，不适合进行肌内、皮下注射时可进行静脉注射。羊的注射部位一般在颈静脉中、上 1/3 交界处。方法是注射部位剪毛、消毒后，用左手大拇指按压住静脉的近心端，使其努张，其余四指在颈的对侧固定。右手持针头或注射器，在左手拇指压迫点的上方约 2 厘米处，将针头与颈静脉成 45° 角（向斜上方）刺入静脉内，见有回血后，松开左手，再将药液慢慢注入静脉内。注射完毕后，左手按压针孔，右手拔出针头，然后左手继续按压片刻，再用碘酊消毒注射部位的皮肤和针孔。如注入的药液量大，也可使用输液器进行静脉输液。

235. 怎样预防羊流产？

①用疫苗进行接种，控制由传染病引起的流产。

②采用驱虫药物，如阿维菌素、伊维菌素等。春、秋季定期驱虫，控制和降低羊只体内外寄生虫的危害而引起的羊流产。

③对流产母羊及时使用抗菌消炎药品。对疑似病羊的分泌物、排泄物及被污染的土壤、场地、圈舍等进行消毒灭菌。

④加强饲养管理，控制由管理不当诱发的流产。

⑤驱虫后，堆积粪便进行生物发酵。

⑥在四季加强放牧的情况下抓好夏、秋膘，特别是加强冬、春季管理。

⑦实行科学分群放牧，对产羔母羊、羔羊及公羊及时按照要求进行补饲，制定冬、春季补饲标准。母羊妊娠后期补饲标准要高于妊娠前期标准。对补饲羊只做到定时、定量。

⑧圈舍要清洁卫生，阳光充足，通风良好。定期消毒棚圈，防止疫病传入。

⑨补喂常量元素（钙、磷、钠、钾等）和微量元素（铜、锰、锌、硫、硒等）。

⑩坚持自繁自养原则。对进出羊只按兽医规程检疫，避免把疫病带入带出。特别对引进羊要隔离观察，确认无病方可入群。

236. 羊口蹄疫怎么防制？

口蹄疫是偶蹄兽的一种急性、高度接触性、病毒性传染病，一年四季均可发病，但多发生于冬春寒冷季节。羊发生本病时，立即上报疫情，确定诊断，鉴别毒型，划定疫点及疫区，分别进行封锁和监督。严禁从有病的国家和地区购入种畜及畜产品、饲料等。严格执行牲畜及其产品的检疫工作，引进种畜应严格检疫、隔离观察，疫点及其周围受威胁区的动物，应用 A、O 单苗或联苗紧急免疫注射。病程通常为1～2周，随后自愈，故应加强护理，补喂麦麸，保暖、铺软垫料，多饮水。

237. 羊的口炎怎么诊治？

羊口炎是羊的口腔黏膜表层和深层组织的炎症。

预防时应加强管理，防止外伤性、原发性口炎，传染病并发口炎，应隔离消毒。饲槽、饲草可用2％的碱水刷洗消毒。病羊可用0.1％高锰酸钾、0.1％雷夫奴尔水溶液、3％硼酸水、10％浓盐水、2％明矾水溶液等反复冲洗口腔，洗后涂碘甘油，1～2次/天，直至痊愈为止；口腔黏膜溃疡时，可用5％碘酊、碘甘油、甲紫溶液、磺胺软膏、四环素软膏等涂擦患部。

238. 羊瘤胃积食怎么治疗？

瘤胃积食又名瘤胃阻塞、急性瘤胃扩张，是羊贪食大量粗纤维饲料或容易膨胀的饲料引起瘤胃扩张、瘤胃容积增大、内容物停滞和阻塞以及整个前胃机能障碍形成脱水和毒血症的一种严重疾病。治疗时可建议采用鱼石脂1～3克，陈皮酊20毫升，石蜡油100毫升，人工盐50克，芳香氨醑10毫升，加水500毫升，1次灌服；马钱子酊15～20毫升，龙胆酊50～80毫升，加水适量，1次灌服；10％安钠咖5毫升肌内注射；病期长的可静脉注射5％碳酸氢钠100毫升解除酸中毒。

239. 羊急性瘤胃臌气怎么诊治？

急性瘤胃臌气，即瘤胃气胀（图3-22），是羊吃了大量易发酵、嫩的紫花苜蓿或采食霜冻饲料、酒槽、霉败变质的饲料后，胃内饲料发酵，迅速产生大量气体所致。治疗时病羊取前高后低的姿势站立，用鱼石脂涂在短木棒上，横放在病羊口内两边固定，严重时进行瘤胃穿刺放气。每千克体重用氧化镁0.5～0.8克加入水溶解后口服，石蜡油30～50毫升、鱼石脂3克、酒精

10 毫升，加水内服，糖盐水 200～500 毫升、小苏打 10 毫升、安钠咖 2 毫升，混合静脉注射。

图 3-22　腹部膨大

240. 羔羊白肌病怎么诊治？

羔羊白肌病主要是由于微量元素硒与维生素 E 缺乏或不足而引起羔羊的骨骼肌、心肌纤维以及肝组织发生变性为主要特征的疾病，病变部肌肉淡白，甚至苍白而得名。应对妊娠、哺乳母畜加强饲养管理，在饲料中添加亚硒酸钠维生素 E 添加剂。病羔羊肌内注射亚硒酸钠维生素 E 注射液，每只羔羊 2 毫升，间隔 5～7 天后再重复用药 1 次；此外，应用维生素 C、维生素 B 以及广谱抗生素进行对症治疗。

241. 羊乳房炎怎么诊治？

羊乳房炎是乳腺、乳池、乳头局部的炎症，多见于泌乳期的山羊、绵羊。挤奶前要用温水将乳房及乳头洗净，用干毛巾擦干；挤完奶后，用0.05％新洁尔灭擦拭乳头；改善羊圈的卫生条件，使乳房经常保持清洁；妊娠后期不要停奶过急，停奶后将抗生素注入每个乳头管内；乳用羊要定时挤奶，一般每天挤奶3次为宜；产奶特别多而羔羊吃不完时，可人工将剩奶挤出和减少精料；分娩前如乳房过度肿胀，应减少精料及多汁饲料饲喂量。治疗时可用青霉素40万国际单位，蒸馏水20毫升，用乳头管针头通过乳头2次注入，2次/天，注射前应用酒精棉球消毒乳头，并挤出乳房内乳汁，注射后要按摩乳房；乳房炎初期可用冷敷，中后期用热敷；也可用10％鱼石酯酒精或10％鱼石脂软膏外敷。

242. 羊子宫内膜炎怎么诊治？

羊子宫内膜炎为母羊子宫黏膜发炎，是常见的母羊生殖器官疾病，也是导致母羊不妊娠的重要因素之一。治疗建议：①肌内注射雌二醇1～3毫克，便于子宫内污物的及时排出。②向子宫内灌注1％的过氧化氢溶液300毫升，稍候用虹吸法将子宫内的消毒液排出，再向子宫内注入碘甘油3毫升，1次/天。③使用恩诺沙星注射液，每千克体重2.5毫克，肌内注射，1次/天，连续注射3～5天。

243. 羊肺炎怎么诊治？

绵羊与山羊均可患肺炎，以绵羊引起的损失较大，尤其是羔羊。羊肺炎多因羊感染病原体抵抗力下降，气候剧烈变化而引起，异物入肺、肺寄生虫等也是发病的诱因。治疗建议：可肌内注射青霉素或链霉素，同时口服或静脉注射磺胺类药物；也可用四环素50万国际单位，糖盐水100毫升，静脉注射，2次/天，连用3～4天；卡那霉素100万国际单位，肌内注射，2次/天，连用3～4天。同时，根据羊只的不同表现，采用相应的对症疗法。

244. 羊瘤胃酸中毒怎么诊治?

瘤胃酸中毒是因羊采食过量谷物饲料而引起的瘤胃内乳酸增多,进而导致以前胃炎症为主的全身性酸中毒病。治疗建议:病羊静脉注射10％葡萄糖氯化钠500～1 000毫升;5％碳酸氢钠20～30毫升;肌内注射青霉素30万～60万国际单位;当病羊中毒症状减轻,脱水症状缓解,而仍表现卧地不起者,可静脉注射葡萄糖酸钙20～30毫升。

245. 羊有机磷中毒怎么诊治?

羊有机磷中毒是由于接触或食入某种有机磷制剂引起羊中毒的疾病。治疗建议:阿托品皮下注射,剂量每只2～4毫克,病情严重者可加大剂量,首次注射后隔2小时再注射1次,直到症状减轻为止;10％葡萄糖注射液500毫升,碘解磷定注射液每千克体重15毫克,静脉滴注,2小时后再静脉推注1次。

参 考 文 献

白文彬，于康震，2002. 动物传染病诊断学 ［M］. 北京：中国农业出版社.

蔡宝祥，2001. 家畜传染病学 ［M］. 4 版. 北京：中国农业出版社.

曹玉凤，李英，2004. 肉牛标准化养殖技术问答 ［M］. 北京：中国农业大
学出版社.

陈焕春，2000. 规模化猪场疫病控制与净化 ［M］. 北京：中国农业出版社.

陈清明，王连纯，1997. 现代养猪生产 ［M］. 北京：中国农业大学出版社.

陈幼春，1999. 现代肉牛生产 ［M］. 北京：中国农业出版社.

程凌，2006. 养羊与羊病防治 ［M］. 北京：中国农业出版社.

道良佐，1996. 肉羊生产技术手册 ［M］. 北京：中国农业出版社.

丁洪涛，2008. 牛生产 ［M］. 北京：中国农业出版社.

杜乐新，2011. 配合饲料在羊生产中的合理应用 ［J］. 畜牧与饲料科学，32
（4）：47 - 48.

段诚中，2000. 规模化养猪新技术 ［M］. 北京：中国农业出版社.

费恩阁，李德昌，丁壮，2004. 动物疫病学 ［M］. 北京：中国农业出版社.

冯维祺，2008. 科学养羊指南 ［M］. 北京：金盾出版社.

葛云山，林继煌，2000. 养猪生产关键技术 ［M］. 南京：江苏科学技术出
版社.

关红民，2016. 现代生猪生产技术 ［M］. 北京：中国农业大学出版社.

侯放亮，2005. 牛繁殖与改良新技术 ［M］. 北京：中国农业出版社.

黄修琦，何英俊，2009. 牛羊生产 ［M］. 北京：化学工业出版社.

李炳坦，赵书广，郭传甲，2004. 养猪生产技术手册 ［M］. 2 版. 北京：中
国农业出版社.

李和国，2001. 猪的生产与经营 ［M］. 北京：中国农业出版社.

李和国，关红民，2014. 养猪生产技术 ［M］. 北京：中国农业大学出版社.

李立山，张周，2006. 养猪与猪病防治 ［M］. 北京：中国农业出版社.

林伟，2010. 肉牛高效健康养殖关键技术［M］. 北京：化学工业出版社.

马学恩，2008. 肉牛饲养致富指南［M］. 内蒙古：内蒙古科学技术出版社.

孟和，2001. 羊的生产与经营［M］. 北京：中国农业出版社.

苗志国，常新耀，2012. 羊安全高效生产技术［M］. 北京：化学工业出版社.

莫放，2003. 养牛生产学［M］. 北京：中国农业出版社.

庞连海，2011. 家庭高效肉牛生产技术［M］. 北京：化学工业出版社.

覃国森，丁洪涛，2006. 养牛与牛病防治［M］. 北京：中国农业出版社.

权凯，马伟，张巧灵，等，2010. 农区肉羊场设计与建设［M］. 北京：金
    盾出版社.

全国三绿工程工作办公室，2005. 安全优质肉羊的生产与加工［M］. 北
    京：中国农业出版社.

宋连喜，2007. 牛生产［M］. 北京：中国农业大学出版社.

苏振环，2004. 现代养猪使用百科全书［M］. 北京：中国农业出版社.

王爱国，2002. 现代实用养猪技术［M］. 北京：中国农业出版社.

王根林，2000. 养牛学［M］. 北京：中国农业出版社.

王连纯，王楚端，齐志明，2004. 养猪与猪病防治［M］. 2 版. 北京：中国
    农业大学出版社.

王林云，2004. 养猪词典［M］. 北京：中国农业出版社.

王璐菊，张延贵，2014. 养牛生产技术［M］. 北京：中国农业大学出版社.

魏建英，方占山，2005. 肉牛高效饲养管理技术［M］. 北京：中国农业出
    版社.

薛慧文，刘宁，李拥军，等，2004. 肉羊无公害高效养殖［M］. 北京：金
    盾出版社.

杨公社，2002. 猪生产学［M］. 北京：中国农业出版社.

杨和平，2001. 牛羊生产［M］. 北京：中国农业出版社.

岳文斌，路建新，2002. 舍饲养羊新技术［M］. 北京：中国农业出版社.

昝林森，2005. 肉牛饲养新技术［M］. 杨凌：西北农林科技大学出版社.

张居农，2014. 高效养羊综合配套新技术［M］. 2 版. 北京：中国农业出
    版社.

张英杰，2013. 规模化生态养羊技术［M］. 北京：中国农业大学出版社.

赵有璋，2002. 羊生产学［M］. 北京：中国农业出版社.

赵有璋，2005. 现代中国养羊［M］. 北京：金盾出版社.

图书在版编目（CIP）数据

家畜养殖知识问答／张登辉主编．—北京：中国
农业出版社，2018.6（2019.8重印）
ISBN 978-7-109-24236-4

Ⅰ.①家… Ⅱ.①张… Ⅲ.①家畜－饲养管理－问题
解答 Ⅳ.①S815.4-44

中国版本图书馆 CIP 数据核字（2018）第 116835 号

中国农业出版社出版
（北京市朝阳区麦子店街 18 号楼）
（邮政编码 100125）
责任编辑　刁乾超　李昕昱
文字编辑　张庆琼
─────────────
北京通州皇家印刷厂印刷　新华书店北京发行所发行
2018 年 6 月第 1 版　2019 年 8 月北京第 2 次印刷
─────────────
开本：850mm×1168mm 1/32　印张：6.5
字数：155 千字
定价：20.00 元
（凡本版图书出现印刷、装订错误，请向出版社发行部调换）